Alice Legit

BIO-GROW

Biologischer Indoor-Cannabisanbau
im Einklang mit Mond- und Naturrhythmen

Alice Legit

BIO-GROW

Biologischer Indoor-Cannabisanbau
im Einklang mit Mond- und Naturrhythmen

NACHTSCHATTEN VERLAG

Impressum

Verlegt durch: Nachtschatten Verlag AG
Kronengasse 11, CH – 4500 Solothurn
www.nachtschatten.ch, info@nachtschatten.ch

Fachlektorat und redaktionelle Betreuung: Markus Berger, Felsberg
Textlektorat: Jutta Berger, Felsberg
Grafisches Konzept und Layout: Tom Hänsel, tintenfrisch.net
Cover: Sven Sannwald, Lüterkofen
Bildnachweis: Alle Abbildungen im Buch stammen aus dem Archiv der Autorin, außer auf Seite 8 / 9: Fotolia; Seite 15: Markus Berger; Seite 21: Fotolia; Seite 23: Fotolia, Blausen Medical / Montage: Nina Seiler; Seite 129 (Abb. 66), Seite 132 (Abb. 70), Seite 133 (Abb. 73), Seite 147 (Abb. 83) und Seite 152 (Abb. 88): www.biohelp.at; Seite 146 (Abb. 80, 81, 82), Seite 150 (Abb. 86): www.windowsillweed.com; Seite 150 (Abb. 85): M.J.; Seite 167: Unspalsh; Seite 173 (beide Logos): Drogenpolitik e.V.
Druck: Druckerei Steinmeier, Deiningen
Printed in Germany
ISBN: 978-3-03788-392-1

Inhaltsverzeichnis

Einleitung:
Bio-Gras. Ein Scherz?

«Bio» ist in aller Munde. Immer mehr Menschen legen vor allem auf Lebensmittel aus biologischer Landwirtschaft großen Wert, einerseits aus Gründen des Umweltschutzes, andererseits dem eigenen Körper zuliebe. Pestizide und chemische Düngemittel im Pflanzenanbau, Kraftfutter mit genmanipuliertem Mais und Wachstumshormonen für das Vieh: Dass immer mehr Menschen auf diese Beigaben in ihrem Essen verzichten und auch ihre Umwelt nicht damit belasten möchten, ist nachvollziehbar. Auch viele andere Produktgruppen, wie Spielsachen, Kosmetika und Kleidung, werden mittlerweile vermehrt biologisch, manchmal sogar fair trade angeboten. Zusatzstoff-freien Tabak findet man in jedem gut geführten Kiosk, also solchen ohne Parfum, Abbrennhilfen und andere Zusatzstoffe, die das Tabakrauchen noch ungesünder machen, als es so schon ist. Und diese Entwicklung hat auch Sinn, denn nicht nur über den Magen-Darm-Trakt können schädliche Stoffe konsumiert werden, sondern selbstverständlich auch über Haut und Lunge.

Die biologische Produktion von Marihuana ist bislang jedoch kaum ein Thema, meiner Meinung nach vor allem verschuldet durch die Illegalität dieses Rauchkrauts. Wenn man als Konsument froh sein kann, überhaupt Ware zu erhalten, die qualitativ ihrem Preis entspricht, wird sich niemand über die Produktionsbedingungen desselben Gedanken machen. Von staatlichen bzw. unabhängigen Qualitätskontrollen gar nicht erst zu reden.

Doch Fakt ist: Im Gegensatz zu Lebensmitteln wird Marihuana vor dem Konsum nicht mehr gewaschen; verwendete Pestizide werden also mit abgebrannt und gelangen so in Form giftiger Dämpfe in die Lunge. Und allgemein gilt: Im Marihuana-Indoor-Anbau werden häufiger (und vor allem stärkere) Düngemittel und Pestizide eingesetzt, als in der Lebensmittelproduktion zugelassen sind. Als Konsument kann man jedoch schon dankbar sein, wenn sich in der gekauften Ware nicht auch noch Streckmittel – im harmlosesten Fall Majoran, im schlimmsten Haarspray, Glasfasern oder -staub zur Harzimitation und zur Gewichtserhöhung – befinden.

Doch nicht nur vom gesundheitlichen, sondern auch vom ökologischen Standpunkt aus ist die konventionelle Gras-Produktion kritisch zu hinterfragen. Sei es nun das häufig gewählte Anbaumedium Steinwolle, das zum einen für den Hanfbauern gesundheitsschädlich und zum anderen nicht kompostierbar ist und somit zur intensiven Müllproduktion beiträgt; der immense Stromverbrauch durch die Lampen; oder die eingesetzten chemischen Düngemittel, die durch Abwasser zur Grundwasserverschmutzung beitragen – die Hanfproduktion ist jedenfalls auch aus ökologischer Sicht nicht unproblematisch.

Die Forderung nach biologisch angebautem Cannabis ist also durchaus nicht als Scherz zu verstehen! Vielmehr geht es dabei um den Anspruch, sein Leben auf möglichst gesunde Weise zu genießen und dabei den Planeten so zu behandeln, dass auch noch zukünftige Generationen eine lebenswerte Welt vorfinden. Beim Bioanbau geht es um viele verschiedene Aspekte: Verwendete Ressourcen sollen sowohl aus einer nachhaltigen Produktion stammen als auch unproblematisch zu entsorgen sein, um den klimatischen Fußabdruck gering zu halten. Pflanzen, die möglichst natürlich und gesund wachsen und gedeihen können, sind weniger anfällig für Schädlinge und bringen einen höheren Ertrag. Vor allem aber wird durch den Verzicht auf chemische Düngemittel und Pestizide der Geschmack der Pflanze verbessert und die Gesundheit der Konsumenten geschont.

Dieses Buch ist sowohl für den Neueinsteiger im Hanfanbau geeignet als auch für erfahrene Grower, die ihre Anlage auf eine biologische Wirtschaftsweise umstellen möchten und/oder im Einklang mit Mond- und Naturrhythmen growen möchten. Welches Anbaumedium muss gewählt werden? Wie bekämpft man Schädlinge, wenn nicht mit starken, chemischen Pestiziden? Gibt es Bio-Licht? Und was genau ist eigentlich Mondgras? Auf diese und viele weitere Fragen wird eingegangen und ein Gesamtbild vom (biologischen) Marihuana-Anbau gezeichnet. Dabei werden kurze, prägnante und mit zahlreichen Fotos illustrierte Anleitungen für die Stecklingsaufzucht bis hin zur Ernte gegeben, die es jedem problemlos ermöglichen sollten, qualitativ hervorragendes Bio-Gras in beachtlicher Quantität zu produzieren.

Bio ist nicht gleich Bio

Die natürlichste bzw. umweltschonendste Variante der Marihuanaproduktion ist selbstverständlich der Anbau von sogenanntem Sonnengras. Darunter versteht man outdoor angebautes Cannabis, das nicht gedüngt wird und für dessen Herstellung weder Strom noch Schädlingsbekämpfungsmittel verwendet werden. Da die Produktion von Marihuana in Österreich, Deutschland und einigen anderen europäischen Ländern jedoch immer noch verboten ist, fehlt vielen Growern die Möglichkeit, gefahrlos outdoor anzubauen. Doch selbst jene, die ein theoretisch sicheres Plätzchen kennen, um unter freiem Himmel zu produzieren, werden kaum auf Düngemittel verzichten wollen, da Marihuanapflanzen ohne Unterstützung zwar immer noch gedeihen und THC-haltige Blüten produzieren, ihre Wirkung und ihr Geschmack jedoch in keiner Weise mit dem am Markt erhältlichen Cannabis vergleichbar ist und sich auch der Ertrag nicht für das in Kauf genommene Risiko auszahlt.

Nun aber zum biologischen Indoor-Anbau: Bio ist nicht gleich Bio – das weiß heute jeder, und dies gilt nicht nur für Lebensmittel, sondern auch in der Marihuanaproduktion. Selbstverständlich müssen bei Bio-Gras gewisse Mindeststandards eingehalten werden, um sich «biologisch produziert» nennen zu dürfen. Der Verzicht auf chemische Schädlingsbekämpfungsmittel sowie die Verwendung von Erde als Anbaumedium und die Anwendung von biologischen Düngemitteln sind dabei zuerst anzuführen. Um bei dem Beispiel Bio-Lebensmittel zu bleiben, wären dies in etwa die Maßstäbe, an die sich Marken wie «Ja! Natürlich» (REWE-Eigenmarke in Österreich) und «NaturPur» (Spar-Eigenmarke in Österreich) halten. Will man auf Demeter-Niveau produzieren und eine stringent biologische, okologische und sozialverträgliche Produktion führen, ist natürlich auf weit mehr zu achten: Woher kommt der Strom, mit dem die Anlage betrieben wird? Um welche Uhrzeit lässt man die Pflanzen blühen? Zu welchen Mondzeichen werden welche Arbeiten erledigt bzw. unterlassen? Verwendet man Plastik- oder doch Tontöpfe? Und was versteht man eigentlich unter V-ganic Growing?

Bio ist also nicht gleich Bio! Welchen Unterschied der Konsum von biologisch produziertem Cannabis für Ihre Gesundheit und für die Umwelt macht und welche weiteren Vorteile eine solch nachhaltige Produktion mit sich bringt, soll in den folgenden Unterkapiteln besprochen werden. Welche Unterschiede es im biologischen Anbau überhaupt gibt, und wo diese genau liegen, wird dann in den jeweiligen Kapiteln besprochen. Außerdem sollen Denkanstöße und persönliche Empfehlungen angeführt werden. Wie weit Sie in Ihrer Bio-Produktion dann jedoch gehen, müssen Sie selbst entscheiden!

Tabelle 1: ***Überblick Unterschiede Bio- vs. konventioneller Anbau***

Unterschiede	***Biologischer Anbau***	***Konventioneller Anbau***
Anbaumedium	Erde	Erdlose Substrate (Steinwolle...)
Düngemittel	Biologische Dünger	Chemische u. mineralische Dünger
Schädlingsbekämpfung	Hygiene, mechanische Pflege, Nützlinge, biologische Pflanzenschutzmittel	Chemische Pestizide, mechanische Pflege
Pflegeplan	Optional: Den Mondzyklen folgend	Nach fixen Schemata
Samen	Natürlich gewonnen	Feminisiert, Automatik
Strom	Ökostrom	Konventionelle Anbieter
Wasser	Abgestandenes Wasser, Optimal: Regenwasser	Unbehandeltes Leitungswasser
Bewurzelungsmittel	Biologisch, mittels fermentierter Stoffe, Pilzsporen, Mikroorganismen	Mittel mit künstlichen Hormonen

(K)Ein Angriff auf die Lunge

Eines der wichtigsten Argumente für eine biologische Hanfproduktion ist der Gesundheitsaspekt. Jede Art von Lebens- und Genussmitteln muss heutzutage auf die Auswirkungen auf die menschliche Gesundheit untersucht und geprüft werden. Selbst bei Tabak, der nicht nur abhängig macht, sondern bewiesenermaßen gesundheitsschädigend sein kann, müssen Richtlinien strikt eingehalten, Inhaltsstoffe angegeben und Warnhinweise angebracht werden. Da Marihuana jedoch illegal ist, unterliegt dieses Genussmittel keinerlei Kontrollen.

Grundsätzlich gibt es keine aussagekräftigen Studien über die gesundheitlichen Folgen von Cannabis-Konsum, vor allem, da durch die häufige Beimischung von Tabak keine klaren Untersuchungsergebnisse resultieren können und daher nicht feststellbar ist, inwiefern Cannabis an und für sich krebserregend ist. Man weiß jedoch schon einiges über die positiven Effekte von (medizinischem) Marihuana: Durch die entspannende Wirkung hilft es bei Migräne, prämenstruellem Syndrom (PMS), Hyperaktivität, Tourette-Syndrom und obsessiv kompulsivem Syndrom (OKS), es beugt Schlaganfällen und Alzheimer vor, senkt den Augeninnendruck bei Grünem Star und soll sogar das Wachstum von Tumoren verlangsamen.

Das am Schwarzmarkt häufig erhältliche Cannabis weist zahlreichen Untersuchungen zufolge jedoch zum Teil sehr beunruhigende Inhaltsstoffe auf, bei deren Konsum es zu schweren gesundheitlichen Folgen kommen kann. Dabei gibt es vor allem zwei Hauptursachen für enthaltene Gifte: Zur Bekämpfung von Schädlingen werden Pestizide eingesetzt, und zur Erhöhung der Gewinnspanne werden Streckmittel beigemengt.

Dass verschiedenste Substanzen zum Beschweren bzw. Strecken von Marihuana beigefügt werden, liegt an der Illegalität dieses Genussmittels. Dabei berichten der Deutsche Hanfverband (DHV) sowie der österreichische Verein Legalize! von zahlreichen, zum Teil schwer giftigen Mitteln, die eingesetzt werden. Dies beginnt mit der Beimischung von Gewürzen, geht über den Einsatz von Henna bis hin zu Zucker und Haarspray, um einen hohen Harzanteil zu simulieren. Viele dieser

Stoffe sind im Normalzustand kaum schädlich, werden jedoch während des Verbrennungsprozesses hoch toxisch. So zum Beispiel das Streckmittel Brix, welches aus einer Mischung aus Zucker, Aminosäuren, Hormonen, synthetischen Wachsen und Flüssigplastik besteht.

Bei der Verbrennung dieser Inhaltsstoffe entstehen nachweislich krebserregende Nebenprodukte, die keinesfalls eingeatmet werden

Mit Streckmitteln verunreinigtes Cannabis ist gesundheitsschädlich.

sollten. Auch wird immer wieder Quarzsand oder sogar Glasstaub eingesetzt, um Marihuana schwerer zu machen. Diese Stoffe einzuatmen kann bei häufigem Konsum zu einem erhöhten Kehlkopfkrebs-Risiko sowie zu den Lungenkrankheiten Silikose und Bronchitis führen. In Deutschland gab es bereits Fälle von Blei-, Cadmium- und Quecksilbervergiftungen durch den Konsum von gestrecktem Hanf! Diese Streckmittel werden wahrscheinlich so lange eingesetzt, wie Cannabis illegal ist und es keine Qualitätskontrollen gibt.

Ein großer Unterschied zwischen dem Konsum von konventionell und biologisch produziertem Marihuana besteht vor allem im Einsatz von synthetischen Düngemitteln und Pestiziden. Einzig in den Niederlanden gibt es einen Verein, der sich aktiv gegen den Einsatz von Pestiziden im Indoor-Anbau einsetzt und regelmäßig Stichproben aus verschiedenen Coffee-Shops kontrolliert. Dabei wurde festgestellt, dass vor allem die Wirkstoffe Fluralaxyl, Propamocarb und Abamecitin in Marihuana nachweisbar sind. Fluralaxyl hat eine Halbwertszeit von 50 Tagen (das bedeutet, dass nach 50 Tagen die Hälfte des Inhaltsstoffes abgebaut wurde) und ist nur für den Einsatz an Zierpflanzen zugelassen – verwendet wird dieses Fungizid gegen Wurzel- und Stengelfäule jedoch bis kurz vor der Ernte. Der Inhaltsstoff Propamocarb wird ebenfalls zur Pilzbekämpfung eingesetzt und hat eine Halbwertszeit von 25 Tagen. Die Liste ließe sich noch um einiges erweitern.

Ein anderer, ebenfalls hochgiftiger Stoff ist Colchicin (der Inhaltsstoff der Herbstzeitlosen *Colchicum autumnale*). Dieser wird jedoch nicht zur Düngung oder zur Schädlingsbekämpfung eingesetzt, sondern zur Behandlung von Samen, um die THC-Produktion der daraus gedeihenden Pflanzen zu steigern. Colchicin ist jedoch ein toxisches Alkaloid und wirkt erbgutverändernd und zellteilungshemmend. Der Konsum von Cannabis, das aus mit Colchicin behandelten Samen herangezogen wurde, kann zu Magenproblemen, Hautirritationen und in schweren Fällen sogar zu Nierenschädigungen führen.

Es ist wissenschaftlich belegt, dass biologische Lebensmittel rund hundertmal weniger pestizidbelastet sind, als konventionell produzierte Lebensmittel (www.global2000.at/biotest). Man kann wahrscheinlich von ähnlichen Ergebnissen in der Cannabisproduktion ausgehen – nur, dass es in diesem Fall keine Kontrollen gibt, die gewährleisten, dass tatsächlich nur für den Konsum geeignete Mittel eingesetzt werden.

Weitere Informationen zu schädlichen Zusätzen in Marihuana finden Sie unter www.hanfverband.de.

Der ökologische Fußabdruck

Die Verwendung und der Konsum von biologisch produzierten Produkten hat nicht nur einen positiven Einfluss auf die Gesundheit der Anwender, sondern ebenso auf die Umwelt. Den meisten Menschen, die indoors konventionelles Cannabis anbauen, sind die ökologischen Auswirkungen ihres Handelns wahrscheinlich kaum bewusst, doch muss man sich in diesem Zusammenhang einmal folgende Fakten vor Augen führen:

- Eine 600-W-Growlampe, die zwölf Stunden pro Tag leuchtet, verbraucht im Jahr 2628 kWh Strom, was dem Durchschnittsverbrauch eines 2-Personen-Haushalts entspricht;

- Pro Lampe werden in etwa zwei Kubikmeter Trinkwasser pro Jahr verbraucht;

- Es werden vorwiegend mineralische Düngemittel verwendet;

- Und es kommen ausschließlich chemische Schädlingsbekämpfungsmittel zum Einsatz.

Für die Produktion von Cannabis sind also eine große Menge an Energie und der Einsatz zahlreicher Ressourcen vonnöten.

Seit 2011 gibt es eine österreichische Studie, die belegt, dass der ökologische Fußabdruck in der Gemüseproduktion der biologischen Landwirtschaft um zwei Drittel geringer ist als bei konventioneller Wirtschaftsweise. Dieses Ergebnis ist vor allem auf den Verzicht von mineralischen Düngemitteln sowie chemischen Pestiziden zurückzuführen, wobei die CO_2-Emission durch die Verwendung von nachhaltig produziertem Strom und Wärme noch weiter reduziert werden kann (vgl. *Narodoslawsky* et al. 2011, S. 3). Eine ähnliche Studie oder auch nur eine wissenschaftliche Abhandlung zum ökologischen Fußabdruck von Cannabis gibt es leider nicht, doch lässt die genannte Studie ein ähnliches Ergebnis beim Vergleich von konventionellem und biologischem Hanfanbau vermuten. Die Herstellung von chemisch-synthetischen Dünge- und Pflanzenschutzmitteln verursacht einen erheblich größeren

Energie-Einsatz als jene von biologischen Präparaten (vgl. S. 6), weshalb mineralische Düngemittel einen etwa fünffach, chemisch-synthetische Pflanzenschutzmittel sogar einen bis zu 25-fach größeren ökologischen Fußabdruck aufweisen als biologische Vergleichsmittel (vgl. S. 11ff.). Die Autoren der Studie kamen zu dem Schluss, dass die biologische Herstellung von pflanzlichen Produkten einen nur etwa halb so großen ökologischen Fußabdruck verursacht wie konventionelle Anbauweisen (vgl. S. 14) – dieses Ergebnis würde beim Vergleich von biologisch und konventionell produziertem Cannabis aufgrund des hohen Stromverbrauchs der Lampen aller Wahrscheinlichkeit nach noch eklatanter ausfallen. Schließlich müsste in diesem Fall einberechnet werden, dass bei der Herstellung von «normalem» Strom 10 bis 15 Mal mehr CO_2 produziert wird als bei Öko-Strom (vgl. www.klimaohnegrenzen.de). Der ökologische Fußabdruck von konventionell angebautem Indoor-Cannabis ist also schätzungsweise 60 bis 70 Prozent größer als der von biologisch angebautem Gras – wissenschaftliche Auseinandersetzungen zu diesem Thema wären wünschenswert, sind jedoch erst dann zu erwarten, wenn die Produktion und der Konsum von Marihuana endlich legalisiert wird.

Nicht einzuschätzen ist die Auswirkung von veganem Cannabis-Anbau auf den ökologischen Fußabdruck. Im vegan-organischen Anbau – kurz: *veganic* oder *v-ganic* genannt – wird nicht nur biologisch gearbeitet, sondern es wird zusätzlich auf den Einsatz von tierischen Produkten (Hornspäne und ähnliches) vollkommen verzichtet, wodurch die erzeugten Produkte angeblich gesünder und wohlschmeckender sind.

Das Plus am Biogras

Der Konsum von biologisch produziertem Cannabis trägt zu Ihrer Gesundheit bei (oder ist zumindest weniger gesundheitsschädigend als jener von konventionell produziertem Marihuana) und schont die Umwelt. Doch welche Vorteile lassen sich noch daraus ziehen? Einer der besten Nebeneffekte der biologischen Cannabisproduktion ist die Möglichkeit zur Nutzung des Blattwerks. Bereits während des

Anbaus müssen häufig Grünteile – also sowohl dünne Stengel wie auch Blattwerk und zum Teil auch junge Blüten – entfernt werden, so zum Beispiel, wenn die Pflanzen während der vegetativen Phase in die richtige Form geschnitten werden, oder auch später, wenn ihnen in der Blühphase die untersten Äste ausgegeizt werden. Wurden während der Produktion keine Pestizide oder andere Schädlingsbekämpfungsmittel eingesetzt und im Idealfall biologische Düngemittel verwendet, so eignet sich dieses Grünwerk hervorragend zum Einsatz in der Küche. Hanfblätter sind äußerst gesund und schmecken auch gut, solange sie noch jung und hellgrün sind. Außerdem enthalten sie in diesem Stadium kein THC, können also bedenkenlos auch Menschen zur Kost gegeben werden, die ansonsten kein Cannabis konsumieren. Hanf enthält viele essentielle Fettsäuren und Vitamine sowie Nähr- und Bitterstoffe. Chemiefreie Jungblätter kann man bedenkenlos in der täglichen Küche verwenden, so zum Beispiel:

- im Salat
- wie Spinat (in Rahmspinat, Lasagne oder Strudel)
- als Grünanteil in Smoothies
- als Tee

Probieren Sie es einfach einmal aus und Sie werden begeistert sein, wie vielseitig sich die Jungblätter einsetzen lassen. Haben die Pflanzen, deren Teile Sie verwenden, bereits in der Blütephase gestanden und einige kleine Blüten angesetzt, so können diese gerade in Smoothies ebenfalls gut mitverwendet werden, solange Ihnen bewusst ist, dass diese dann einen leichten THC-Gehalt aufweisen werden.

An dieser Stelle nochmals eine Warnung: Verwenden Sie zum Verzehr **niemals** Marihuanaprodukte aus konventionellem Anbau, da diese stark mit Pestiziden belastet sein können und Giftstoffe leicht über den Magen-Darm-Trakt aufgenommen werden!

Weitere Verwendungsmöglichkeiten findet außerdem das nach der Ernte abgeschnittene Blattwerk. Dieser im Allgemeinen «Trim», «Schnibbel» oder «Gruschel» genannte trockene Abschnitt wird im Normalfall einfach entsorgt, was jedoch aufgrund seines starken

Besatzes mit THC-Kristallen, die von den Blüten abgefallen und an den umliegenden Blättern hängengeblieben sind, reine Verschwendung ist. Ich hebe diese Pflanzenteile auf und lagere sie in ausreichend trockenem Zustand – also so trocken wie nur möglich, damit keine Fermentation eintreten und sich kein Schimmel bilden kann.

In schlechten Zeiten, also wenn einmal das Marihuana ausgehen sollte, kann dieser Schnibbel hervorragend als Rauchersatz dienen. Er schmeckt zwar lange nicht so gut wie die Blüten und führt bei Konsum in großen Mengen zu einem vermehrten Hustenreiz. Er hat aber ebenfalls einen nicht zu unterschätzenden THC-Gehalt. Probieren Sie es einmal aus, und Sie werden erstaunt sein, wie stark Gruschel tatsächlich ist.

Hauptsächlich setze ich Schnibbel jedoch zur weiteren Verarbeitung ein, da ich Cannabisblüten zu diesem Zweck zu teuer finde. Für Folgendes kann biologischer Trim hervorragend eingesetzt werden:

- zur Produktion von schmerzmilderndem Hanf-Körperöl
- zur Dopeherstellung
- zum Backen von Magic Muffins
- zum Kochen eines THC-haltigen Chais
- zur Gewinnung von THC-Öl

Hanföl aus biologischem Trim.

Ein Tipp zur richtigen Verarbeitung: THC ist fett- und alkohol-, aber nicht wasserlöslich! Verwenden Sie daher beim Backen unbedingt Butter, Rahm oder Öl, beim Brauen von Chai ist Milch unverzichtbar. Einige Rezepte und Herstellungsanleitungen finden Sie ab Seite 89. Sind Sie auf der Suche nach einem ausführlichen Rezeptbuch, so empfehle ich *Berauschend gut. Backen mit Hanf* von Kathrin Gebhardt und *Cannabidiol CBD* von Franjo Grotenhermen, Markus Berger und Kathrin Gebhardt.

Mondgras

Was genau ist «Mondgras»? Dabei handelt es sich um Marihuana, das im Einklang mit den Rhythmen des Mondes gezogen und produziert wurde. Dabei werden die Zeitpunkte des Aussäens, des Schneidens von Stecklingen, der Gieß- und Düngetage und vieles mehr auf den Stand des Mondes in den Tierkreiszeichen sowie auf die Sonne-Mond-Erde-Konstellation abgestimmt. Um Cannabis biologisch zu erzeugen, ist das Arbeiten mit dem Mond selbstverständlich keine Grundvoraussetzung, gleichzeitig kann jedoch auch Mondgras produziert werden, ohne dabei biologisch zu arbeiten. Meiner Erfahrung nach hat sich jedoch eine Kombination aus beiden – also die Erzeugung von biologischem Mondgras – qualitativ wie auch quantitativ am besten bewährt.

Inwiefern der Mond Einfluss auf das Leben auf der Erde hat, und wie sich dies im Kleinen für den Anbau von Marihuana nutzen lässt, soll in den folgenden Kapiteln genauer erläutert werden.

Der Mondeinfluss – ein Mythos?

Über Jahrhunderte ist es für den Menschen ganz selbstverständlich gewesen, sein Leben nach den Mondrhythmen zu richten. Man wählte den Zeitpunkt für Gartenarbeiten, wie zum Beispiel das Aussäen von Pflanzen und das Beschneiden von Bäumen, genauso nach dem Stand des Mondes in den Tierkreiszeichen aus, wie auch jenen für alltägliche Haushaltsarbeiten (vom Brotbacken bis zum Fensterputzen), Pflegemaßnahmen für den Körper (Haare und Nägel schneiden, Entschlackungskuren etc.) und für große Veränderungen (Umzüge, Brunnensetzung, Hausbau). Noch heute verwenden unzählige Menschen den Aussaatkalender nach Maria Thun ganz selbstverständlich. Dieses Wissen ging jedoch im letzten Jahrhundert aufgrund zweier Tatsachen beinahe verloren:

- Das Wissen um die Auswirkungen des Mondstandes war so alltäglich, dass es kaum schriftliche Zusammenfassungen, Auflistungen oder ähnliches gibt. Nur Mondkalender sind aus vielen verschiedenen Kulturen der Welt bekannt.

- Die Industrie hat in den letzten hundert Jahren aktiv daran gearbeitet, den Einfluss des Mondes auf unser Leben zu diskreditieren – der (Mehr-)Verkauf von Düngemitteln und Pestiziden, Medikamenten, Hautcremes, Haarwuchsmitteln usw. ist lukrativer, als den Menschen ein Werkzeug in die Hand zu legen, mit dem sie sich selbst helfen können.

Zwar ist der Einfluss des Mondes auf über 800 Tierarten bereits wissenschaftlich nachgewiesen worden – und auch, dass sich der Menstruationszyklus im Allgemeinen an den 28-Tages-Rhythmus des Mondes hält. Dass Ebbe und Flut sowie viele andere Naturschauspiele durch den Erdtrabanten beeinflusst werden, ist heute genauso unbestritten. Doch Studien, die solche Auswirkungen auf den Menschen untersuchen, lassen keinen klaren Schluss zu: Manche belegen den Einfluss des Mondes, andere widerlegen ihn.

Ich traue jedoch weder Statistiken noch Studien: Ich höre mir lieber Erfahrungsberichte anderer an und probiere es selbst aus! So war es

- ein Holzbauer, der mir erzählt hat, dass bei aufsteigendem Mond gefälltes Holz deutlich feuchter ist als bei absteigendem und die Baumstümpfe anschließend «weinen» (die Wurzeln pumpen weiter Wasser nach oben, welches an der Schnittstelle austritt)
- eine Bäckerin, die meinte, sie würde NIE an Fisch-Tagen Brot backen

- ein Bio-Imker, der jeden Eingriff in seine Bienenstöcke nach dem Mond plant
- eine Friseurin, die beklagte, dass sie montags arbeiten müsse, wo dies doch der schlechteste Tag wäre, um Haare zu schneiden
- ein Bauer, der davon berichtete, dass alle Demeter-Bauern nach den Mondregeln arbeiten

Diese Aussagen waren es, die uns dazu bewegten, die Rhythmen von Mond und Sternen (zunächst einmal probeweise) auch im Cannabis-Anbau zu berücksichtigen. Wir waren dermaßen verblüfft von den Resultaten, dass wir mittlerweile unsere gesamte Produktion auf den Mondrhythmus umgestellt haben. Meine Empfehlung: Probieren Sie es aus und bilden Sie sich selbst eine Meinung!

Ein Grund, weshalb die Wirkkraft des Mondes heute stark angezweifelt wird, ist die Tatsache, dass man nicht erklären kann, weshalb der Erdtrabant eine derartige Wirkung auf das Leben auf unserem Planeten hat. Dies bedeutet jedoch nicht, dass es keinen Einfluss gibt, sondern nur, dass unsere Wissenschaft bis heute keine Erklärung dafür gefunden hat. Genauso, wie erst der wissenschaftliche Beweis von Kopernikus dazu geführt hatte, dass sich das heliozentrische gegen das geozentrische Weltbild durchsetzen konnte. Nur, weil wir etwas nicht verstehen, bedeutet das nicht, dass es nicht existent ist! Auf die Frage, warum sich eine Maßnahme an einem Tag positiv und bereits am nächsten Tag negativ auswirken soll, gibt es heute jedoch eine Antwort: Es geht um den Zeitpunkt der Informationsweitergabe. Dass Informationen auf vielfältige Art weitergegeben werden können, ist spätestens seit den wissenschaftlichen Arbeiten des Elektrotechnikers Erich Körbler (1938 – 1994) bekannt. Dies geschieht auch durch Berührungen. Daher hat ein spezifischer Kontakt (Handlung, Maßnahme), der nichts anderes ist als die Weitergabe einer bestimmten Information, an einem Tag einen positiven, am nächsten Tag vielleicht schon einen negativen Effekt. Wer sich intensiver mit dieser Thematik auseinandersetzen möchte, sollte sich der Lektüre von *Mag. Ölwin H. Pichler* widmen.

Effekte im Marihuana-Anbau

Welchen Einfluss hat nun aber der Mond im Marihuana-Anbau in der Praxis? Wo kann man Unterschiede erkennen? Hier ein paar Beispiele:

- Zum falschen Zeitpunkt gedüngt, können die Pflanzen entweder nur einen Bruchteil der zugeführten Düngermenge aufnehmen oder er wirkt dermaßen intensiv, dass die Blätter und Blüten zu «Verbrennungen» neigen.
- Zum falschen Zeitpunkt gegossen, können die Pflanzen das Wasser nicht richtig aufnehmen, es rinnt schnell durch die Erde und schwemmt sie dabei aus, ohne dass sie Wasser aufnehmen kann. Außerdem fördert der falsche Gießzeitpunkt das Aufkommen von Schädlingen! Wird jedoch zum richtigen Zeitpunkt gegossen oder gedüngt, nehmen die Pflanzen Wasser und die enthaltenen Nährstoffe direkt auf und setzen es optimal in (Blüten-)Wachstum um.
- Zum richtigen Zeitpunkt umgetopft und in die Blühphase umgestellt, wird zunächst das Wurzel- und anschließend das Blütenwachstum unterstützt.
- Werden die Ableger zum richtigen Zeitpunkt geschnitten und gesteckt, wachsen deutlich mehr Stecklinge an, als an «schlechten» Tagen. Mein erster Mond-Versuch: 58 von 60 Stecklingen haben es zum richtigen Zeitpunkt geschafft, beim Gegenversuch am ungünstigsten Tag waren es nur 36 von 60, die zu verwendbaren Pflanzen herangewachsen sind!

Wir haben mittlerweile unseren gesamten Anbau an die Mondphasen angepasst und der Effekt ist überwältigend:

- Die Düngemenge wurde um ein Drittel reduziert!
- Der gesamte Wasserverbrauch konnte ebenfalls um ein Drittel verringert werden.
- Signifikant mehr Stecklinge entwickeln Wurzeln und wachsen an.
- Der Schädlingsdruck hat sich deutlich vermindert.
- Und vor allem: Die Erntemenge konnte trotz verringertem Ressourcenverbrauch etwas gesteigert werden!

Um ein besseres Verständnis für das Arbeiten mit Mondphasen zu erlangen, befassen sich die folgenden Unterkapitel zunächst mit wissenswerten Basisinformationen über Mond- und Naturrhythmen, bevor auf die Wahl des richtigen Mondkalenders eingegangen wird. Welche Maßnahmen zu welchem Zeitpunkt getroffen bzw. unterlassen werden sollen, wird dann in den betreffenden Arbeitskapiteln detailliert beschrieben. Eine zusammenfassende Auflistung finden Sie am Ende dieses Buches auf Seite 167. Wer sich intensiver mit der Wirkungsweise des Mondes auseinandersetzen möchte, dem empfehle ich die Lektüre von *Maria Thun*, *Johanna Paungger* und *Thomas Poppe*.

Basiswissen

Grundsätzlich unterscheidet man drei verschiedene Aspekte des Mondes: den Zustand, in dem sich der Mond gerade befindet (Neumond, zunehmender Mond, Vollmond und abnehmender Mond), das Tierkreiszeichen, in dem sich der Mond gerade befindet, und die Phase, in der er sich befindet (auf- oder absteigend).

Innerhalb von 27 bis 28 Tagen wandert der Mond einmal um die Erde – in dieser Zeit unterscheidet man vier verschiedene Zustände. Befindet sich der Mond zwischen Sonne und Erde, wodurch die der Erde zugewandte Seite beschattet wird – also nicht sichtbar ist –, spricht man vom **Neumond**. Befindet sich der Mond im exakt rechten Winkel zu einer Region auf der Erde zwischen dieser und der Sonne, spricht man von einer Sonnenfinsternis – dies ist jedoch ein Sonderfall und soll im Zusammenhang mit dem Anbau von Marihuana nicht weiter erörtert werden. Der Neumond wird als Startpunkt für den neuen Mondzyklus gesehen und ist ein idealer Zeitpunkt, um schlechte Gewohnheiten abzulegen und den Körper zu reinigen. Für den Cannabisanbau wird empfohlen, an diesem Tag am besten keinerlei Tätigkeiten vorzunehmen – noch nicht einmal gießen!

Es folgt der **zunehmende Mond** – in den folgenden 14 Tagen wird täglich von links nach rechts mehr von dem Erdtrabanten sichtbar werden. Genauso wie der Mond immer «voller» wird, nehmen auch

Organismen alles besser auf, Nährstoffe etc. wirken dann stärker. Dies bedeutet, dass alles, was stärkt und fördert, aber auch alles, was schädigend wirkt, besser aufgenommen werden kann. Man nimmt leichter zu, Medikamente wirken stärker, die Wäsche nimmt den Dreck besser auf, Wunden entzünden sich eher und so weiter. Für das Arbeiten mit Erde und Pflanzen gilt das umgekehrte Prinzip wie zum Arbeiten mit dem Körper: Pflanzensäfte werden vorwiegend in die oberirdisch sichtbaren Teile gepumpt, wodurch vor allem das Blattwachstum gefördert wird, aber auch oberirdisch wachsende Pflanzen wurzeln besser an als im abnehmenden Mond. In dieser Phase sollte auf das Düngen möglichst verzichtet werden, da die eingesetzten Mittel stärker wirken und dies zu Verbrennungen der Pflanzen führen kann!

Nach zwei Wochen befindet sich der Mond auf der gegenüberliegenden Seite des Neumonds. Nun liegt die Erde zwischen Sonne und Mond, wobei sich der Mond meist um einige wenige Grad unter- oder oberhalb der Erdumlaufbahn befindet, wodurch dessen der Erde zugewandte Seite vollkommen beleuchtet werden kann – es herrscht **Vollmond**. Befindet sich der Mond auf exakt derselben Ebene wie Sonne und Erde, entsteht eine Mondfinsternis – das Äquivalent zu einer Sonnenfinsternis. Der Wechsel vom zunehmenden zum abnehmenden Mond wird von vielen Menschen sehr stark empfunden. Gereiztheit und gesteigerte Aggressionen können häufig schon einige Tage zuvor wahrgenommen werden. Alles wirkt stärker als an anderen Tagen: das Ansetzen von Fett, das Aggressionspotential, aber auch das Bluten von Verletzungen – aus demselben Gedanken heraus sollte an diesem Tag auf alle Fälle auf das Zurückschneiden von Pflanzen oder das Nehmen von Stecklingen verzichtet werden, da die Pflanzen ansonsten leichter austrocknen – es ist also gleichzeitig der perfekte Tag, um Heilpflanzen (wie zum Beispiel Marihuana) zu ernten und zum Trocknen aufzuhängen.

Es folgt der **abnehmende Mond**, in dem von rechts nach links in den nächsten zwei Wochen immer weniger von dem Erdtrabanten zu sehen sein wird. Diese Zeit eignet sich für alles, was entfernt werden soll: Diäten und Entschlackungskuren greifen besser, schlechte Angewohnheiten werden leichter abgelegt, Operationen gelingen und verheilen besser, Pflegemaßnahmen für den Körper, aber auch im Haushalt wirken besser und halten länger an. Für das Arbeiten mit Erde und Pflanzen gilt wiederum das umgekehrte Prinzip wie beim Arbeiten mit dem Körper: Bei abnehmendem Mond zieht es Feuchtigkeit in die Erde, da die Pflanzensäfte vorwiegend in die Wurzeln gepumpt werden. In diesen Wochen sollte unbedingt intensiv gedüngt werden!

Genauso, wie sich die Sonne im Lauf eines Jahres jeweils für etwa einen Monat in einem Tierkreiszeichen aufhält, während sie von der Erde umwandert wird (dies nennt man dann Sternzeichen), durchläuft auch der Mond in seinem 28-Tages-Rhythmus diese Symbole, wobei er sich für jeweils zwei bis vier Tage in einem der Tierkreiszeichen aufhält. Jedem der zwölf **Tierkreiszeichen** liegt seine eigene Bedeutung zugrunde, und die entsprechenden Auswirkungen auf das Leben von Menschen, Tieren und Pflanzen können sehr unterschiedlich ausgeprägt sein. Jedem Tierkreiszeichen werden ein Element, eine Körperregion bzw. ein Organ sowie verschiedene Pflanzenteile zugeordnet. Ganz allgemein gilt: Jede sich positiv auswirkende Maßnahme wirkt an den entsprechenden Tierkreiszeichen-Tagen besser, jede negative Maßnahme wirkt umso belastender. In Kombination mit dem Zunehmen und Abnehmen des Monds bedeutet dies: Im zunehmenden Mond sind fördernde und aufbauende Maßnahmen an den jeweiligen Tierkreiszeichen effektiver, im abnehmenden Mond wirken entlastende Maßnahmen stärker.

Zu welchem Zeitpunkt welche Maßnahmen zu tätigen bzw. zu unterlassen sind, finden Sie in den einzelnen Arbeitskapiteln sowie zusammengefasst auf S. 167.

Die Begriffe **«aufsteigender»** und **«absteigender» Mond**, manchmal auch als «steigend» und «fallend» oder «aufgehend» und «untergehend» bezeichnet, beziehen sich im Großen und Ganzen auf den Stand des Mondes im Tierkreiszeichen in einem Jahr und verdeutlichen deren Wirkungsweise. Jenen Tierkreiszeichen, die sich zwischen der Wintersonnenwende am 21. Dezember und der Sommersonnenwende am 21. Juni befinden – also Schütze bis Zwilling – wohnen «aufsteigende» Kräfte inne; die Natur beginnt, wieder zu wachsen und zu gedeihen. Im Zeitraum zwischen Sommer- und Wintersonnenwende (also von Zwilling bis Schütze) wirken jedoch absteigende Kräfte; die Natur zieht sich zurück, es ist Erntezeit, bevor alles in die Winterruhe verfällt. Den Tierkreiszeichen Zwilling und Schütze wird im Normalfall weder der auf- noch der absteigende Mond zugerechnet, da sich in ihnen der Wechsel der Phasen abspielt. Dieser Jahresrhythmus lässt sich jedoch in gleicher Weise, wie es für das gesamte Jahr gilt, auch auf die 28-tägige Wanderung des Mondes durch die Tierkreiszeichen anwenden – und färbt so die Bedeutung der einzelnen Tierkreiszeichen. Daher gilt allgemein: Steht der Mond in Schützen bis Zwilling, so ist er aufsteigend – oberirdisch wachsende Pflanzen entwickeln sich nun besonders gut. Im absteigenden Mond (Zwilling bis Schütze) wird hingegen das Wurzelwachstum gefördert. Da der Anbau von Marihuana während des gesamten Jahres stattfindet, ist vor allem der monatliche Einfluss von auf- und absteigendem Mond interessant, wobei hierbei für den Anwender kein spezielles Wissen erforderlich ist, da diese Kräfte bei der Auswahl des «richtigen Zeitpunkts» für alle zu tätigenden Maßnahmen bereits von uns beachtet wurden.

Tabelle 2: ***«Zustände» des Mondes***

Neumond ○	Mond steht zwischen Erde und Sonne; Startpunkt für neuen Zyklus, für alles Neue
Zunehmender Mond ☽	Sichel, die von rechts nach links zunimmt; Pflanzen nehmen besser auf, wachsen besser an
Vollmond ●	Erde steht zwischen Mond und Sonne; starker Kraftwechsel
Abnehmender Mond ☾	Der Schatten am Mond breitet sich von rechts nach links aus
Aufsteigender Mond ◡	Wanderung des Mondes durch die Tierkreiszeichen Schütze, Steinbock, Wassermann, Fisch, Widder, Stier, Zwilling
Absteigender Mond ◠	Wanderung des Mondes durch die Tierkreiszeichen Zwilling, Krebs, Löwe, Jungfrau, Waage, Skorpion, Schütze

Tabelle 3: ***Der Mond im Tierkreiszeichen***

Tierkreiszeichen	Symbol	Element	Pflanzenteil	Tagesqualität	Auf-/Absteigend
Widder	♈	Feuer	Frucht	Wärmetag	Aufsteigend
Stier	♉	Erde	Wurzel	Kältetag	Aufsteigend
Zwilling	♊	Luft	Blüte	Luft-/Lichttag	Wechsel
Krebs	♋	Wasser	Blatt	Wassertag	Absteigend
Löwe	♌	Feuer	Frucht	Wärmetag	Absteigend
Jungfrau	♍	Erde	Wurzel	Kältetag	Absteigend
Waage	♎	Luft	Blüte	Luft-/Lichttag	Absteigend
Skorpion	♏	Wasser	Blatt	Wassertag	Absteigend
Schütze	♐	Feuer	Frucht	Wärmetag	Wechsel
Steinbock	♑	Erde	Wurzel	Kältetag	Aufsteigend
Wassermann	♒	Luft	Blüte	Luft-/Lichttag	Aufsteigend
Fisch	♓	Wasser	Blatt	Wassertag	Aufsteigend

Bitte beachten Sie, dass sich alle Angaben für die Anwendung der Mondphasen auf die nördliche Hemisphäre beziehen.

Mondkalender

Um den Einfluss des Mondes und der Sterne richtig nutzen zu können, bedarf es eines geringen, jedoch unverzichtbaren Basiswissens, eines geeigneten Kalenders und einer guten Planung.

Wie bei allem im Cannabis-Anbau gilt auch hier: Genauigkeit zahlt sich aus! Dies beginnt bereits bei der Auswahl des (Mond-)Kalenders.

Grundsätzlich muss man unterscheiden zwischen Kalendern, die nach dem astrologischen und dem faktischen Tierkreis arbeiten. Der astrologische Kalender (in der westlichen Astrologie wird der tropische, in der indischen Astrologie der siderische Tierkreis verwendet) unterteilt den Tierkreis in zwölf gleich große Abschnitte, wodurch jedes Tierkreiszeichen gleich lang, nämlich 30° lang vorherrscht. Diese Einteilung der Tierkreise gibt es nachgewiesenermaßen seit dem 5. Jahrhundert vor Christus, sie entspricht jedoch nicht dem faktischen Tierkreis. Denn tatsächlich erscheinen die Sternbilder unterschiedlich lange am Himmel, manche kürzer (wie zum Beispiel Krebs), andere länger (Jungfrau). Dies nennt man den faktischen Tierkreis. Die meisten westlichen Mondkalender arbeiten mit dem astrologischen, tropischen Kalender. Dieser ist jedoch vor mehreren Hundert Jahren entstanden und aufgrund der damals mangelnden technischen Möglichkeiten sehr ungenau. Da sich die Planeten nämlich in elliptischen und nicht kreisrunden Bahnen bewegen, verschiebt sich die gesamte Einteilung im Laufe von 72 Jahren um jeweils 1°. Die indische Astrologie beachtet in ihren siderischen Kalendern diese Verschiebung, die mittlerweile bei etwa 24° liegt, arbeitet allerdings genauso wie der tropische Kalender mit einer fixen 30°-Einteilung des Tierkreises.

Tipp:

Beachten Sie den Unterschied zwischen Kalendern, die nach dem siderischen, faktischen bzw. nach dem astrologischen Tierkreis arbeiten.

Maria Thun, die in jahrzehntelanger Feldforschung die Auswirkungen unterschiedlicher Ansaat- und Pflegetage untersucht hat, arbeitet mit einer Kombination aus dem siderischen Kalender mit faktischem

Tierkreis. Alle anderen heute erhältlichen Mondkalender - inklusive der von Johanna Paungger - arbeiten mit dem tropischen Kalender. Diese sind also nicht identisch mit den tatsächlich herrschenden Sternbildern und unterscheiden sich häufig voneinander, da manche Astrologen meinen, jenes Tierkreiszeichen, das zu Mitternacht vorherrscht, würde die gesamte Tagesqualität beherrschen, auch wenn dieses bereits um 0.15 Uhr in ein anderes wechselt. Nur einige wenige Kalender zeigen die genaue Uhrzeit des astrologischen Wechsels auf.

Obwohl die Diskussion äußerst kontrovers ist, ziehe ich den faktischen Tierkreis dem astrologischen vor, da seine Auswirkungen durch die umfangreiche Arbeit von Maria Thun noch am besten belegt sind. Ich empfehle Ihnen, den Kalender, mit dem Sie arbeiten, genau auszuwählen. Entscheiden Sie sich entweder für das Arbeiten mit dem Aussaatkalender von Maria Thun nach dem faktischen oder für einen astrologischen Kalender, der dann jedoch nicht nur Voll-, Neu- und Halbmond sowie das jeweilige Sternzeichen, in dem sich der Mond befindet, angeben sollte, sondern im Idealfall auch noch die Uhrzeit, zu der diese Wechsel stattfinden. Außerdem sollte jeder Tag genug Platz bieten, um die Dünge-, Gieß-, Umstell- und Ernteplanung eintragen zu können. Im Aussaatkalender von Maria Thun sind diese Informationen (und einige mehr) und genügend Platz für Eintragungen selbstverständlich enthalten. Zukünftig wird es im Nachtschatten Verlag außerdem einen eigenen Cannabis-Anbaukalender nach dem faktischen Tierkreis geben.

Vergleich des astrologischen (innen) und faktischen Tierkreises (außen). Es wird deutlich, dass es einen großen Unterschied macht, ob man annimmt, dass die 12 Tierkreiszeichen gleichmäßig über das Jahr hinweg verteilt sind oder ob man vom tatsächlichen Standpunkt des Mondes im Tierkeis ausgeht.

Vor dem Anbau

Bevor man mit dem Anbau und der Zucht von Marihuanapflanzen beginnen kann, sollte man sich mit einigen grundlegenden Fragen auseinandersetzen: Wie muss ein Anbauraum ausgestattet sein? Welches Werkzeug und welche Utensilien werde ich brauchen? Für welches Anbaumedium soll ich mich entscheiden? Mit diesen und vielen weiteren Themen setzt sich das folgende Kapitel auseinander.

Die Plantage

Zu Beginn eines jeden Anbauprojekts steht zunächst einmal das Einrichten der zukünftigen Plantage. Lassen Sie sich hierbei genügend Zeit, arbeiten Sie gründlich und ordentlich, und Sie werden viele Probleme vermeiden können, die normalerweise in Hanfplantagen gehäuft auftreten. Im Folgenden sollen der Aufbau und die Einrichtung einer Plantage nur grob angerissen werden – wer sich über einzelne Aspekte wie Belüftung, Aufhängung der Lampen und so weiter genauer informieren möchte, dem empfehle ich Jorge Cervantes Buch *Marihuana drinnen*.

Die Wahl der Örtlichkeit

Wie genau Ihre Plantage aufgeteilt und eingerichtet wird, hängt sehr stark von den äußeren Umständen ab. Erfahrungsgemäß kann, zumindest theoretisch, beinahe überall angebaut werden: in einer Eigentumswohnung genauso wie in einer Mietwohnung, auf einem Bauernhof genauso wie im Einfamilienhaus-Viertel, auf dem Dachboden oder im Keller, in einem ganzen Raum, in einem Zelt und sogar in Schränken. Kaum ein Platz scheint (zumindest auf den ersten Blick) ungeeignet, solange die nötige Diskretion bewahrt werden kann.

Hier ein paar Tipps zur Wahl der Räumlichkeiten, wenn Sie sich mehr als nur ein Zelt in die Wohnung stellen wollen:

- Nehmen Sie sich Raum: Wählen Sie lieber Räume, die Ihnen genügend Platz lassen, um angenehm darin arbeiten zu können. Dies ist wichtiger, als Sie vielleicht annehmen, denn nur, wenn Sie auch gerne Zeit in Ihrer Anlage verbringen, lassen Sie Ihren Pflanzen den perfekten Grad an Pflege zukommen. Außerdem reichern Sie beim Ausatmen die Luft mit CO_2 an, wodurch ein verbessertes Pflanzenwachstum stimuliert wird. Zu guter Letzt haben Schädlinge in großen Räumen weniger Chancen, sich unbemerkt zu verbreiten.

- Vergessen Sie Dachböden! Zwar ist der alte Dachboden ein durchaus unauffälliger Ort für eine Hanfplantage. Er bringt jedoch gleichzeitig viele Probleme mit sich: Im Sommer steigen die Temperaturen unter dem Dach in unkontrollierbare Höhen, wogegen im Winter das Abschmelzen des liegengebliebenen Schnees auf Ihrem Dach (und zwar nur auf Ihrem!) zu unerwünschten Fragen von Nachbarn oder Freunden führen kann. Außerdem wird das Hinaufschleppen der Anbauerde Sie nicht lange glücklich machen.
- Der Keller hat den immensen Vorteil, dass er quasi eine automatische Klimaanlage eingebaut hat, was sich vor allem im Sommer positiv bemerkbar machen wird. Außerdem werden Sie im Winter wahrscheinlich Ihre Wohnung weniger heizen müssen, wenn im darunterliegenden Keller einige Lampen brennen. Kellerräumlichkeiten sollten jedoch nur dann zur Plantage umgebaut werden, wenn sie erstens trocken sind und nicht zu übermäßiger Feuchtigkeit neigen (Keller mit Lehmböden scheiden daher grundsätzlich schon einmal aus), zweitens über einen Wasseranschluss verfügen und drittens ein kleines Fenster oder ähnliches bieten, um Zu- und Abluft zu ermöglichen.
- Achten Sie darauf, dass die Plantage so zugänglich ist, dass der Eingang an und für sich nicht besonders auffällt, Sie jedoch nicht jedesmal einen ganzen Schrank ab- oder umbauen müssen, um in Ihre Anlage zu gelangen.
- Der Zugang sollte so gelegen sein, dass er nicht einsehbar ist. Wenn zum Beispiel Ihre Nachbarn Sie dabei beobachten können, wie Sie täglich für mehrere Stunden in die abbruchreife Scheune verschwinden, ist Ihre Wahl des Anbauortes nicht gelungen.

Natürlich kann auch dann biologisch gearbeitet werden, wenn Sie nur ein Grow-Zelt in Ihrer Wohnung aufstellen. Beim Aufstellen von Grow-Zelten gilt zu beachten, dass sie von außen nicht sichtbar sein sollten, da ansonsten das davon ausgehende ungewöhnliche Lichtspektrum unerwünschte Aufmerksamkeit erregen könnte (und etwas Licht dringt durch jedes Zelt). Am besten ist, es steht in der Nähe eines abgehängten Fensters, da auch bei der Verwendung eines Zeltes Abluft entsteht, die Sie nicht in Ihr Zimmer leiten wollen. Einerseits riecht die Abluft trotz Aktivkohlefilter wahrscheinlich trotzdem leicht nach Marihuana, und andererseits wollen Sie nicht die warme Abluft in den Raum leiten, aus dem Sie die benötigte Frischluft ansaugen. Denken Sie außerdem daran, dass Sie das Zelt regelmäßig öffnen müssen, wobei immer ungefilterte, stark riechende Luft austritt. Ich empfehle daher, das Zelt möglichst weit entfernt von der Wohnungstür zu platzieren und im Eingangsbereich vermehrt Raumerfrischer einzusetzen, um für olfaktorische Ablenkung zu sorgen.

Die Einrichtung, Werkzeuge und Ausstattung

Grundsätzlich empfehle ich voll verflieste und mit einem Abfluss versehene Räume, da dies die regelmäßige, gründliche Reinigung der Anlage stark vereinfacht – ein wichtiger Erfolgsfaktor für die Schädlingsbekämpfung (siehe Kapitel *Schädlingsprophylaxe und -Bekämpfung*). Bedenken Sie, dass eine Marihuanaplantage viel Strom verbraucht! Daher sollten Sie in Ihrer Anlage im Idealfall einen eigenen Starkstromanschluss einplanen oder aber zumindest mehrere Stromanschlüsse, die mit eigenen Sicherungen abgesichert sind. Ganz allgemein ist es mehr als empfehlenswert, außerhalb Ihrer Anlage einen Schalter oder ähnliches einzubauen, mit dessen Hilfe Sie Ihre gesamte Anlage mit einem Knopfdruck abschalten können! Dies empfehle ich aus Sicherheitsgründen, da beispielsweise jedem Elektriker, der in Ihrer Wohnung oder Ihrem Haus arbeitet, sofort am Stromzähler etwas Ungewöhnliches auffallen wird, wenn Ihre Anlage mit voller Kapazität läuft. Auch bei anderen unerwarteten Besuchern

Tipp:

Achten Sie darauf, dass Ihre Anlage im Notfall mit einem Knopfdruck vom Strom genommen werden kann.

bleibt häufig keine Zeit mehr, in die Anlage zu gehen und zum Beispiel die laute Belüftungsanlage abzudrehen. In solchen Fällen ist ein Not-Aus etwas, das einen gewissen Grad an Sicherheit bietet.

Außerdem benötigt jede Plantage ein Belüftungssystem, wobei sowohl der Platz zur Luftansaugung wie auch jener für die Abluftentsorgung wohl überlegt sein sollte. Um die Frischluft in der Anlage ausreichend zu verteilen und um zur Stärkung der Pflanzen beizutragen, sind außerdem Standventilatoren nötig (siehe Kapitel *Belüftung*, S. 55). Weiterhin ist außerdem Wasser unverzichtbar für das Ziehen von Pflanzen. Wenn Sie sich das regelmäßige Herankarren von Gießwasser ersparen möchten, sollte Ihre Anlage unbedingt über einen eigenen Wasseranschluss sowie ein ausreichend großes Wasserfass verfügen. Sie ersparen sich viel Arbeit, wenn Sie etwas Geld in die Anschaffung einer Tauchpumpe, eines Gartenschlauchs und einer Wasserbrause mit Teleskopstange investieren (siehe Kapitel *Wasser*, S. 109).

Natürlich ist die Dimensionierung der gesamten Anlage und ihrer Ausstattung stark davon abhängig, wie viele Lampen Sie aufhängen wollen. Dies beginnt bei der Überlegung, ob Sie immer in einem Zyklus arbeiten wollen (also alle Lampen gleichzeitig mit Pflanzen bestücken möchten) oder ob Sie Pflanzen in verschiedenen Entwicklungsstadien gleichzeitig in Ihrer Anlage ziehen, also mit mehreren Zyklen arbeiten möchten. In letzterem Fall empfehle ich entweder die Einrichtung eines eigenen Grow-Raums oder das Aufstellen eines Grow-Zelts innerhalb der Anlage, da die Pflanzen in der vegetativen Phase nicht nur ein anderes Lichtspektrum benötigen als die in der Blühphase, sondern außerdem unterschiedliche Tag-Nacht-Zyklen erforderlich sind. Der Grow-Raum braucht, im Gegensatz zum Blühraum, keinen eigenen Aktivkohlefilter, da die Pflanzen in ihrer vegetativen Entwicklungsphase noch keine verräterischen Duftstoffe entwickeln. Ein Frischluftanschluss ist jedoch auch hier unerlässlich.

Die ideale Plantage:

- Zwei Räume: ein kleiner Grow-Raum, ein größerer Blüh-Raum
- Gefliest bis unter die Decke
- Mit Abfluss im Boden

- Starkstrom oder eigens abgesicherter Stromanschluss vorhanden
- Not-Ausschalter für die gesamte Anlage
- Mittels flexiblem Aufhängesystem montierte Grow- und Blühlampen
- Mit Wasseranschluss und Wasserfass ausgestattet
- Optimal: Zugang zu Regenwasser in der Nähe
- Mit Lüftungsanlage inklusive Aktivkohlefilter, Klimagerät und Zentralheizung ausgestattet
- Zwei getrennte Steuerungsanlagen für Ventilations- und Heizungssystem mit Temperaturmesser
- Ort der Frischluftansaugung an einem gleichmäßig temperierten Ort
- Auslass der Luftabsaugung an einem möglichst hohen Ort

Die folgende Tabelle stellt eine möglichst vollständige Auflistung aller Werkzeuge und Gegenstände dar, die Sie für den Betrieb einer erfolgreichen Anlage benötigen werden. Wozu und wann Sie die verschiedenen Objekte benötigen, finden Sie in den folgenden Kapiteln dieses Buches genauer erklärt:

Werkzeug- und Ausstattungsliste

- Lampen inklusive reflektierender Lampenschirme (optimal: mit eingebauter Luftabsaugung)
- Thermometer und Hygrometer
- Stecklingshaus
- Skalpelle
- Gartenschere
- Gießkanne, groß und klein
- (Regen-)Wasserfass
- Tauchpumpe, Wasserschlauch, Teleskopbrause
- Aquarienheizstab und -matte
- Pflanzenschilder
- Wasser- und UV-beständige Stifte
- Unterbau mit Abrisstassen, um das überschüssige Gießwasser aufzufangen und gezielt abzuleiten
- Pflanzenstützen
- ein Standventilator pro Lampe
- kleine und große Töpfe
- mehrere Einmachgläser oder ähnliche Gefäße
- eventuell Luftentfeuchter
- Taschenlampe oder Stirnlampe mit grünem Licht
- Taschenmikroskop
- kleine Schere zum Blütenputzen

Licht

Gerade im Hanfanbau spielt das richtige Licht eine entscheidende Rolle für die Quantität der Ernte.

Die Lichtquelle

Unter der Lichtquelle im Indooranbau versteht man das Leuchtmittel. Um ein ideales Wachstum der Pflanzen zu garantieren, muss das Farbspektrum an die jeweilige Wachstumsphase angepasst werden. Die meisten Grower setzen Hochdruck-Lampen ein, wobei man in der vegetativen Phase (also wenn es in erster Linie darum geht, dass die Pflanzen in die Höhe und Breite wachsen) Metall-Halogen-Lampen mit einem hohen Blauanteil einsetzt. Anschließend, wenn in erster Linie das Blütenwachstum angeregt werden soll, wird dann zu einer **Natriumhochdruck-Lampe** mit hohem Rotlicht-Anteil gewechselt, wobei in Europa für die vegetative Phase 400 Watt, für die Blühphase 600 Watt üblich sind. Außerdem gibt es mittlerweile spezielle Lampen, die kaum Blaulicht, aber einen maximierten Rotlichtanteil aufweisen und ausschließlich in den letzten Blühwochen eingesetzt werden.

Bei allen Hochdrucklampen sind Produktion, Verwendung und Entsorgung umwelttechnisch recht problematisch, da sie neben einigen Schwermetallen auch giftige Gase enthalten und gleichzeitig große Strommengen verschlingen. Aus verschiedensten Gründen (nähere Informationen siehe Absatz über LED-Technologie) werden jedoch weiterhin beinahe ausschließlich solche Metall-Halogen- bzw. Natriumhochdruck-Lampen im Marihuana-Anbau eingesetzt. Will man sich auch in dieser Hinsicht soweit wie möglich ökologisch verhalten, so sollte man nicht auf das hören, was einem in den meisten Growshops eingeredet wird! Dort wird einem nämlich erzählt, dass man seine Lampen einmal im Jahr austauschen muss, da sie nach dieser Zeitspanne dramatisch an Leistung verlieren. Dies ist schlichtweg eine von den Herstellern in Umlauf gebrachte Fehlinformation, die dazu dienen soll, den Verkauf dieser Lampen anzukurbeln. Von Experten für Leuchtstoffmittel erhält man vollkommen andere Informationen, nämlich, dass gerade Natriumhochdruck-Lampen sich sehr wohl im Laufe ihres Einsatzes verändern, jedoch zum Positiven. Erst nach etwa tausend Leuchtstunden haben sie ihr Leistungsmaximum erreicht, was bei einem 12-Stunden-Lichtrhythmus nach etwa einem Vierteljahr der Fall ist. Tauschen Sie Ihre Lampen also nur dann aus, wenn sie kaputt sind, im Durchschnitt etwa alle fünf Jahre – das spart Rohstoffe und Geld und trägt nicht noch zusätzlich zur Verschärfung unseres Müllproblems bei. Achten Sie beim Kauf Ihrer Lampen außerdem auf das Produktionsland. «Made in Europe» bedeutet immer, dass die Lampen einen kürzeren Transportweg bis in Ihren Growshop hinter sich haben als zum Beispiel «Made in PRC» (was wortwörtlich «People's Republic of China», also «Made in China» bedeutet). Außerdem kann man sich bei Produkten, die in Europa hergestellt wurden, meist sicher sein, dass Mindest-Umwelt- und Sicherheitsstandards eingehalten und die Produktionsarbeiter fair entlohnt wurden.

Um die Lebensdauer Ihrer Lampen noch weiter zu verlängern, sollten Sie Lampen nie aus- und sofort wieder einschalten. Fällt zum Beispiel einmal der Strom aus, oder müssen Sie die Lampen aus irgendeinem anderen Grund während des Lichtzyklus ausschalten, warten Sie mindestens 15 Minuten – besser noch so lange, bis sie vollkommen ausgekühlt sind -, bevor Sie die Leuchtmittel wieder einschalten. Die neueste Generation von Vorschaltgeräten hat außerdem eine sogenannte «Soft-Start-Technologie» eingebaut, wodurch die Lebensdauer der Lampen und der Vorschaltgeräte gesteigert werden soll. Besonders interessant für ein möglichst naturnahes Anbauen von Cannabis ist in diesem Zusammenhang auch die Dämmerungs-Funktion, die manche neuartigen Vorschaltgeräte eingebaut haben. Dadurch wird den Pflanzen ein Sonnenauf- und ein Sonnenuntergang suggeriert, um den Pflanzen einen möglichst natürlichen Tag-Nacht-Rhythmus zu ermöglichen. Ist eine Lampe dann irgendwann tatsächlich kaputt, können Sie durch die richtige Entsorgung ebenfalls etwas für die Umwelt tun: Werfen Sie diese nicht in den Restmüll, sondern sammeln Sie die Lampen und bringen Sie sie irgendwann zu einer Müllsammelstelle. Sowohl Metall-Halogen- als auch Natriumhochdrucklampen gehören in den Sondermüll! Die meisten Müllannahmezentren fragen nicht weiter nach, woher der Müll kommt. Sollte es trotzdem einmal dazu kommen, können Sie ja sagen, dass Sie die Kiste voll mit diesen

Lampen am Dachboden, in Ihrer neuen Wohnung oder sonstwo gefunden haben, und nicht wissen, was Sie damit tun sollen.

Des Weiteren gibt es Maßnahmen, die zwar nicht zu einem geringeren Stromverbrauch führen, aber helfen können, das erzeugte Licht besser auszunutzen und die so zu einer größeren Ausbeute der verwendeten Ressourcen führen. Zum einen geht es dabei um die Aufhängung der Lampen. Diese sollten so montiert sein, dass die Höhe der Lichtquelle regelmäßig nachjustiert werden kann, sodass sich zwischen Lampen und Pflanzen immer etwa 30 bis 40 cm Abstand befinden. Die Verwendung von reflektierenden Lampenschirmen ist ebenfalls zu empfehlen, wobei ich jene mit strukturierter, metallischer Oberfläche – sogenannte **Hammerschlag-Aufsätze** – bevorzuge, da sie das Licht gleichmäßiger streuen. Solche Lampenschirme haben einen Reflexionsgrad von bis zu 95 Prozent und verhindern, dass das Licht ungenutzt an die Decke gestrahlt wird. Außerdem gibt es Lampengehäuse mit eingebauten Absaugröhren, sogenannte **Cool Tubes** oder **Spudnik**. Diese werden direkt an das Absaug-Ventilationssystem angeschlossen und können so die durch die Hochdrucklampen erzeugte heiße Luft absaugen. Dies kann im Sommer das Ansteigen der Temperaturen reduzieren, im Winter sollten diese jedoch entfernt bzw. von der Absauganlage abmontiert werden, da hier die warme Luft zum Beheizen des Raums benötigt wird. Ich empfehle die Investition in die teuerste Version, den Spudnik: Dabei handelt es sich um Lampenschirme mit eingebautem Reflektor (bis zu 95 Prozent Reflexion), an deren Unterseite sich eine abmontierbare Glasplatte (Solar-Sicherheitsglas mit 93 Prozent Lichtdurchlässigkeit) befindet. Dies hat den Vorteil, dass man die Lampenschirme das ganze Jahr über montiert lassen kann und im Winter einfach nur die Glasplatte abmontiert und die Abluftanlage ausschaltet. Außerdem kann man sie durch Aufklappen ganz einfach putzen, was man gerade dann, wenn sie als Cool-Tube verwendet werden, regelmäßig tun muss, um die Lichtdurchlässigkeit des Glases zu gewährleisten. Ein solcher Lampenschirm kostet (je nach Händler) zwischen 90 und 150 Euro, die Investition lohnt sich jedoch nicht nur wegen der leichten Handhabe und der Hitzeregulierung, sondern auch wegen ihrer Effizienz bei der Lichtstreuung.

Des Weiteren sollten die Wände der gesamten Anlage mit einer silbernen, reflektierenden, im Idealfall ebenfalls strukturierten Folie ausgekleidet sein, sogenannter Diamond-Diffusion-Folie mit **Diamant-Relief-Oberfläche**. Diese Folie steigert die Lichtausnutzung wiederum um 15 bis 35 Prozent. Montieren Sie die Folie jedoch niemals direkt an die Wand, da sich dahinter Kondenswasser bilden und dies wiederum zu Schimmelbildung führen kann. Stattdessen empfiehlt sich das Anbringen von fünf mal fünf Zentimeter großen Holzstaffeln im Abstand von jeweils etwa einem Meter, auf denen die Folie dann einfach angetackert werden kann. Auf diese Art und Weise schützen Sie Ihre Wände vor Spritzwasser (falls Sie diese nicht ausgefliest haben) und nutzen vor allem das teuer bezahlte Licht stärker aus. Ihre Pflanzen werden es Ihnen danken!

Es gibt jedoch auch Alternativen zu den klassischen Hochdruck-Lampen, nämlich die **LED-Technologie**. LED-Lampen sind eine relativ neue Errungenschaft, wobei ich gleich zu Beginn betonen möchte, dass es wohl noch einige Jahre dauern wird, bis sich ihr Einsatz für den Cannabis-Anbau nicht nur ökologisch, sondern auch ökonomisch auszahlt.

Mit den kleinen LED-Dioden lässt sich jedes gewünschte Farbspektrum genau auswählen, wobei die Mischung im Allgemeinen aus blauem, weißem und grünem Licht zwecks Photosynthese besteht, zwecks Blütenförderung zum Großteil jedoch aus rotem und ultraviolettem Licht. Ihr größter Vorteil liegt allerdings in der geringen Hitzeausstrahlung, die sich wiederum in den Sommermonaten positiv auf das Raumklima und damit auch auf die Pflanzen auswirkt (und somit doppelt negativ auf eventuelle Schädlinge). Jedoch sollte man bedenken, dass vor allem im Winter diese Hitze eventuell fehlt, um die gewünschte Raumtemperatur von tagsüber idealerweise etwa 25 °C und nachts mindestens 18 °C zu erreichen. Häufig angeführt wird auch der geringe Stromverbrauch, der diese Technologie auszeichnet – dieses Argument entspricht jedoch nur vordergründig der Wahrheit, denn um dasselbe Ernteergebnis zu erzielen, muss dieselbe Watt-Zahl eingesetzt werden wie bei dem Einsatz von Hochdruck-Lampen. Diese Information wurde nicht nur von mehreren Growshop-Mitarbeitern bestätigt, sondern mittlerweile auch durch diverse Erfahrungsberichte belegt (vgl. o.V. 2014 und o.V. 2015). Dort wird außerdem davon berichtet, dass unter Hochdrucklampen die Ernte im Normalfall bei knapp einem Gramm pro eingesetztem Watt liegt, beim Einsatz von LED-Lampen die Erntemenge jedoch nur etwa halb so groß ist. Beim Vergleich einer 600-W-Hochdrucklampe mit einer 600-W-LED-Lampe fällt außerdem auf, dass man wesentlich mehr Ressourcen benötigt, um zum gleichen Ertrag zu gelangen: nämlich ungefähr die doppelte Menge an Pflanzen, Erde, Equipment, Wasser, Düngemittel und so weiter. Arbeitet man auf diese Art und Weise, gibt es jedoch nur sehr wenig bis gar keine Stromersparnis.

Des Weiteren wurde berichtet, dass sich auch der Geschmack bzw. der Turn von unter LED-Lampen gezogenem Marihuana stark von dem unter Hochdruck-Lampen gezogenem unterscheidet, das mag aber von Fall zu Fall verschieden sein.

Aus all den bisher genannten Gründen erscheint mir der Einsatz von LED-Lampen derzeit noch als äußerst unattraktiv, um nicht zu sagen, umweltbelastender als das Arbeiten mit den «normalen» Lampen, wobei der stetige Forschungsfortschritt hoffen lässt, dass diese Zukunftstechnologie in den nächsten drei bis fünf Jahren auch für den Indoor-Cannabis-Anbau nicht nur geeignet, sondern auch erschwinglich sein wird.

Obwohl in 95 Prozent der Fälle nur während des Lichtzyklus in der Anlage gearbeitet wird, kommt es doch ab und an vor, dass der Grower auch im Dunkeln in die Plantage muss. Für solche Fälle ist es wichtig, eine Beleuchtung, z. B. in Form einer Taschen- oder Stirnlampe, zur Hand zu haben, sodass nicht die Pflanzenbeleuchtung aktiviert werden muss. Nun reagieren Hanfpflanzen jedoch äußerst empfindlich auf Störungen ihres Tag-Nacht-Zyklus, vor allem, wenn es um die Unterbrechung der Dunkelphase geht. Aus diesem Grund sollte in solchen Fällen kein «normales» Licht verwendet werden, sondern ausschließlich **grünes Licht**, das von Pflanzen nicht als Unterbrechung der Nachtphase wahrgenommen wird. Taschen- und Stirnlampen mit grünem Licht sind in jedem gut sortierten Growshop erhältlich.

Blühzeit

In diverser Literatur wird empfohlen, den Tag-Nacht-Rhythmus der Pflanzen umzustellen, sprich: In der Nacht brennen die Lampen und tagsüber sind sie ausgeschaltet. Dies hat zwei Gründe:

- Bei manchen Stromunternehmen wird immer noch zwischen Tag- und Nachtstrom unterschieden, weshalb in diesen Fällen der nächtliche Stromverbrauch weniger kostet als tagsüber.
- Will man die sommerliche Tageshitze nicht auch noch durch brennende Lampen unterstützen, verlegt man das Beleuchten in die Nachtstunden.

Das klingt nach einer sinnvollen Maßnahme, von der im Bio-Anbau trotz allem Abstand genommen werden soll, da sie zwei Aspekte vollkommen außer Acht lässt: Der natürliche Rhythmus jeder Pflanze wird größtenteils von Sonne und Mond (und nur zum Teil von Licht und Dunkelheit) gesteuert. Ihr Einfluss auf die Pflanzen wird auch nicht durch die Indoor-Unterbringung eliminiert. Pflanzen, die mit dem natürlichen Tag-Nacht-Rhythmus wachsen dürfen, sind erfahrungsgemäß gesünder und weniger anfällig für Schädlinge. Wir kennen das auch vom Homo sapiens: Menschen, die in Nachtschichten arbeiten, haben häufiger Schlafstörungen, neigen zu Herz-Kreislauf- und Magen-Darm-Erkrankungen sowie zu psychischen Problemen, sie haben ein höheres Unfallrisiko und arbeiten weniger effizient.[1] Für Pflanzen gilt prinzipiell genau dasselbe!

Der zweite Grund ist vielleicht etwas besser nachzuvollziehen: Werden die Pflanzenlampen in der Nacht aufgedreht, hat die Anlage in den Sommermonaten keine Chance mehr, wenigstens einige Stunden pro Tag abzukühlen. Sind die Lampen während des Tages eingeschaltet, so ist es in der Plantage eventuell tagsüber auch sehr heiß, nachts jedoch, wenn die kühlere Luft von draußen eingeblasen wird, können sich die Pflanzen etwas erholen. Wird der Tag-Nacht-Rhythmus umgekehrt, so wird tagsüber sehr heiße Luft in die Anlage geblasen, und in der Nacht, wenn es draußen dunkel und kühler wird, gehen innen die Lampen an und heizen weiter, sodass es keinerlei Erholung für die Pflanzen gibt. Haben die Pflanzen jedoch wenigstens einige Stunden täglich, in denen es kühler wird, sind sie wesentlich gesünder und vitaler und können die Spitzentemperaturwerte besser aushalten.

Statt eines verkehrten Tag-Nacht-Rhythmus empfehle ich, besser andere Maßnahmen zu treffen, die Ihnen im Kapitel *Luft* (S. 47) vorgestellt werden.

Woher kommt der Strom?

Um trotz des intensiven Einsatzes von wenig energieeffizienter, aber dafür stark stromzehrender Lampen eine Maßnahme für den Umweltschutz zu leisten, sollte man seine Entscheidungsfreiheit bei der Wahl des Stromlieferanten ausnutzen. Bei einem Ökostrom-Anbieter unterstützt man nicht nur die Weiterentwicklung alternativer Energiequellen (Biomasse, aber vor allem Wasser- und Sonnenergie), sondern vor allem verweigert man den Atomkraftwerk-Betreibern seine Unterstützung. Schließlich sind in der Schweiz immer noch fünf Kernkraftwerke in Betrieb[2] und auch in Deutschland sind noch acht Atommeiler aktiv[3] (die jedoch bis 2022 vom Netz genommen werden sollen). Selbst wenn Österreich kein eigenes AKW betreibt (das AKW Zwentendorf ist weltweit das einzige Atomkraftwerk, das zwar vollständig gebaut wurde, jedoch nie in Betrieb ging, mehr Infos unter www.zwentendorf.com), so wird doch jährlich die erzeugte Energiemenge von zwei Atomkraftwerken nach Österreich importiert![4]

Online ist es ganz einfach, verschiedene Anbieter zu vergleichen, so zum Beispiel auf der Website von E-Control (www.e-control.at) und Greenpeace (www.greenpeace.org). Dabei wird man überrascht feststellen, dass das Klischee «Bio ist immer teuer» sich nicht bewahrheitet: Manche Ökostrom-Anbieter sind bereits günstiger als konventionelle Stromlieferanten. Und auch der Anbieterwechsel wurde vor einigen Jahren durch neue EU-Richtlinien soweit vereinfacht, dass dies nun bereits direkt online möglich ist. Ein Tipp jedoch: Beachten Sie, dass bei den Stromkosten dann zumeist noch Netzbetreiberkosten anfallen. Informieren Sie sich diesbezüglich im Vorfeld bei Ihrem neuen Stromlieferanten.

Nun stellt sich jedoch die Frage, welche Auswirkungen ein Stromanbieter-Wechsel tatsächlich auf die Umwelt hat. Hier ein kleines Rechenbeispiel, das mit Hilfe der Internetseite www.klimaohnegrenzen.de erstellt wurde:

Wachstumsphase:

400 W Lampe 18 h pro Tag Laufzeit = 5.256 kWh pro Jahr

CO_2-Produktion bei konventionellen Stromanbietern = 3,01 t CO_2 pro Jahr

CO_2-Produktion bei Ökostromanbietern = 0,21 t CO_2 pro Jahr

Blühphase:

600 W Lampe 12 h pro Tag Laufzeit = 2.628 kWh pro Jahr

CO_2-Produktion bei konventionellen Stromanbietern = 1,5 t CO_2 pro Jahr

CO_2-Produktion bei Ökostromanbietern = 0,11 t CO_2 pro Jahr

Dieses Beispiel dient der Illustration, welchen gewaltigen Unterschied in Sachen Nachhaltigkeit die Wahl des Stromanbieters ausmacht. Natürlich kann es zu Abweichungen dieser Berechnung kommen, vor allem, weil es auch bei Ökostrom gravierende Unterschiede in ihrer Nachhaltigkeit gibt. So beeinflusst die Zusammensetzung des Strom-Mixes (Biomasse, Wasser-, Wind- oder Solarkraft) den CO_2-Ausstoß zum Teil deutlich.

Licht im biologischen Anbau:

- Lampen bevorzugt «Made in Europe» kaufen
- Hochdrucklampen erst dann austauschen, wenn sie tatsächlich kaputt sind
- Lampen mindestens 15 Minuten auskühlen lassen, bevor sie wieder eingeschaltet werden
- Kaputte Lampen als Sondermüll entsorgen
- Reflektierende Lampenschirme (Hammerschlag-Aufsätze) montieren
- Reflektorfolien mit Diamant-Relief-Oberfläche an den Wänden anbringen
- Tag-Nacht-Rhythmus nicht verkehren

- Vorschaltgeräte mit Dämmerungsfunktion für einen möglichst natürlichen Lichtzyklus
- Ökostrom-Anbieter wählen

Luft

Cannabispflanzen haben den Ruf, «wie Unkraut» zu wachsen, sprich unter fast allen Bedingungen zu gedeihen. Dies mag bis zu einem gewissen Maß auch stimmen – will man jedoch eine Erntemenge erzielen, die auch im Verhältnis zu den eingesetzten Ressourcen steht, so bedarf es sehr spezifischer Umweltbedingungen. Neben Licht ist auch die Luft für den Erhalt jeden Lebens ausschlaggebend. Dabei soll es in diesem Kapitel um mehr gehen als um Sauerstoff, denn ebenso wichtig wie die ausreichende Belüftung sind Raumtemperatur und Luftfeuchtigkeit. In diesem Kapitel werden erfahrene Grower wahrscheinlich wenig Neues erfahren, da man kaum eine «ökologischere» Luft erzeugen kann. Was jedoch sehr wohl möglich ist, ist die Anpassung der Umweltbedingungen, sodass sie den natürlichen Bedürfnissen der Pflanzen eher entsprechen.

Temperatur

Im Indoor-Anbau ist man bemüht, die idealen Bedingungen für die Blütenbildung von Marihuana zu schaffen und diese stabil zu halten. Tag-Nacht-Temperaturschwankungen sind jedoch ein ganz natürliches Phänomen, das wir auch indoor simulieren wollen, um die Pflanzen möglichst vital zu halten, wobei die Schwankungen nie über 11 °C hinaus gehen sollten. In der Nacht, wenn die Photosynthese pausiert, liegt die Temperatur idealerweise zwischen 18 °C und 20 °C, erst ab ca. 16 °C stoppen die Pflanzen ihr Wachstum – was nachvollziehbarerweise vermieden werden sollte. Tagsüber jedoch liegen die Idealtemperaturen bei 22 bis 24,5 °C. Dabei sollten die Temperaturen, wenn möglich, nicht unter 20 °C (vor allem für den Winter relevant), niemals jedoch über 26 °C ansteigen, da sich dies nicht nur kontraproduktiv auf das Wachstum der Pflanzen auswirkt, sondern zusätzlich Schädlingen ein ideales Milieu bietet.

Zur Messung der Raumtemperatur benötigen Sie mindestens ein **Thermometer** (am besten in Kombination mit einem **Hygrometer**). Ich empfehle jedoch die Installation mehrerer solcher Messgeräte, abhängig von der Größe Ihrer Plantage, da die angezeigten Temperaturen stark davon abhängig sind, wo genau gemessen wird. Es macht einen Unterschied, ob Sie das Thermometer bzw. dessen Mess-Sensor direkt unter einer Lampe zwischen den Pflanzen platzieren oder weiter entfernt, zum Beispiel neben dem Wasserfass. Um ein klares Bild davon zu erhalten, wie die Situation in Ihrer Anlage ist, empfiehlt es sich, bei den Mess-Stationen nicht zu sparen. Auch hat sich eine digitale Anzeige bewährt, die das Tagesmaximum und -minimum abspeichert, sodass Sie jederzeit überprüfen können, wie groß die Schwankungen zwischen Tages- und Nachttemperaturen sind.

Die erste und wohl effizienteste Maßnahme zur Regulierung der Temperatur ist selbstverständlich ein passend dimensioniertes Ventilationssystem inklusive Steuerungsanlage, weshalb dieses Thema detailliert ab Seite 47 besprochen wird.

Um die schädliche Wirkung zu hoher Temperaturen im Sommer zu verringern, kann das zusätzliche Einblasen von **Kohlendioxid** (CO_2) nützlich sein, da sich die Pflanzen dann bis zu einer Temperatur von bis zu 28 °C gut entwickeln. Dieses Einblasen sollte mittels Gasflasche, zusätzlichem Regulator und CO_2-Monitor geschehen, da die CO_2-Menge nicht über 1300 ppm (parts per million) steigen sollte. Viele Grower sind vom CO_2-Einsatz überzeugt, da er bei richtiger Anwendung die Photosynthese der Pflanzen fördert und so zu einem gesteigerten Wachstum und größeren Blüten führt. Außerdem verkürzt es die Blühphase um 30 bis 40 Prozent, was wiederum zu einer gewaltigen Stromersparnis beiträgt. Aber Vorsicht! Der natürliche CO_2-Gehalt in der Luft beträgt etwa 400 ppm, der oben erwähnte Gehalt macht also das Dreifache aus! Ab der vierfachen CO_2-Konzentration des Normalwerts (1600 ppm), kommt es beim Menschen zu einer Kohlendioxidvergiftung! Erwägen Sie also diesen Ansatz, informieren Sie sich bitte zuvor ausführlich in weiterführender Literatur und lassen Sie sich vom Growshop-Mitarbeiter Ihres Vertrauens beraten.

Eines sollten Sie jedoch immer bedenken: Auch wenn das zusätzliche Einbringen von Kohlendioxid dazu führt, dass die Cannabispflanzen bei Temperaturen bis zu 28 °C keinen Schaden nehmen, hilft es trotzdem nicht gegen die zusätzliche Schädlingsbelastung, die durch solche Temperaturen gefördert wird! Ich halte es daher für sinnvoller, Maßnahmen zu ergreifen, die die Raumtemperatur insgesamt geringer halten.

Neben einem professionell eingerichteten Ventilationssystem inklusive Steuerung können jedoch auch andere Maßnahmen ergriffen werden, um die Temperatur in der Anlage zu senken, ohne gleich Lampen abzuschalten zu müssen. Eine der effizientesten Maßnahmen ist wohl die Installation von **Cool Tubes**. Unter Cool Tubes versteht man im Allgemeinen Glas- bzw. Plastikröhren, in deren Inneren sich die Lampen befinden und die mittels Flexischläuchen an das Ventilationssystem angeschlossen werden, sodass die durch die Lampen entstehende heiße Luft sofort abgesaugt und aus der Anlage transportiert wird. Dabei kann man mehrere solcher Tubes (maximal vier) hintereinander schalten und an das bestehende Ventilationssystem anschließen (abhängig von der Leistungsstärke des benutzten Absaugventilators) oder aber ein eigenes Absaugsystem einbauen, das Luft von außen durch die Cool Tubes direkt wieder aus dem Growraum schleust, sodass kein direkter Luftaustausch zwischen draußen und der Plantage stattfindet, es also auch zu keinem Geruchsproblem kommen kann.

Aber Achtung: Diese Variante ersetzt keinesfalls das normale Zu- und Abluftsystem! «Normale» Cool Tubes kosten je nach Länge und Qualität 35 bis 75 Euro, haben jedoch einige Nachteile. So zum Beispiel, dass sie nur sehr schwer zu reinigen sind, obwohl dies bei laufendem Sommerbetrieb regelmäßig nötig ist, um durch die Verschmutzung des Glases die Lichtausbeute nicht zu verringern. Außerdem müssen sie jährlich auf- und wieder abmontiert werden, wenn es Sommer bzw. wieder Winter wird, was einen erheblichen Arbeits- und Zeitaufwand bedeutet. Ich empfehle daher die Investition in die etwas teureren Lampenschirme mit integrierter Absaugung, häufig auch als **Spudnik** bezeichnet. Dabei handelt es sich um einen Lampenschirm mit eingebautem Reflektor, der, genauso wie die Cool Tubes, an zwei Seiten des Ventilationssystems angeschlossen wird. Die Unterseite des Lampenschirms ist mit einer Glasplatte verschlossen, sodass derselbe Effekt wie bei den Cool Tubes erzielt wird.

Solche Systeme kosten pro Stück 90 bis 150 Euro, haben jedoch mehrere Vorteile: Im Idealfall (je nach Hersteller und Modell unterschiedlich) ist die Glasabdeckung leicht abmontierbar, sodass nicht jedes Jahr der gesamte Lampenschirm abmontiert werden muss, wenn die Temperaturen fallen. Außerdem sollte die Glasabdeckung leicht aufklappbar sein, wodurch die Reinigung vereinfacht wird, was zusätzlich die Lichtausbeute bzw. -reflexion verbessert, obwohl die Lichtdurchlässigkeit durch das eingesetzte Solar-Sicherheitsglas sowieso schon besser ist als bei jedem «normalen» Cool Tube.

Bei Anlangen von über zehn Quadratmetern Größe sollte über den Einbau eines **Klimageräts** nachgedacht werden. Mittels fix montiertem Klimagerät kann man genau jene Temperaturspanne einstellen, die für die Marihuanapflanzen ideal ist. Steigt die Raumtemperatur über die eingestellte Obergrenze, beginnt das Gerät zu kühlen, fällt sie jedoch unter die Untergrenze, heizt es.

Der große Vorteil im Vergleich zu mobilen Standgeräten aus dem Baumarkt ist, dass kein direkter Luftaustausch stattfindet und damit kein Geruch nach außen dringt. Außerdem entwässert das Gerät die Luft im Raum und trägt so dazu bei, Schimmelbildung durch zu hohe Luftfeuchtigkeit zu verhindern. Da es sich bei Automatikeinstellung selbständig reguliert, hilft es nicht nur, zu hohe Temperaturen und zu hohe Luftfeuchtigkeit zu vermeiden, sondern es nimmt vor allem den Klimaschwankungen die Extremspitzen, was sich wiederum positiv auf die Pflanzen auswirkt.

Mit einem Kaufpreis von 300 Euro für gebrauchte Geräte und bis zu 800 Euro für Neugeräte halten sich die Investitionskosten außerdem im Rahmen – wobei dies natürlich stark auf die Größe Ihrer Anlage ankommt. Wählen Sie den Ort der Aufhängung mit Bedacht: Das Gerät sollte, wenn möglich, nicht direkt über den Pflanzen montiert werden, da sich die ausströmende kalte Luft – wenn sie direkt auf die Pflanzen fällt – negativ auf das Wachstum der Cannabispflanzen auswirken kann. Außerdem sollte es möglichst weit von dem Absaugventilator entfernt montiert werden, um die gekühlte Luft nicht sofort wieder aus der Anlage zu transportieren. Solche fixen Klimageräte haben jedoch meiner Erfahrung nach auch drei nicht zu unterschätzende Nachteile: Erstens benötigt es eine Außenstation, die man irgendwo unauffällig anbringen können muss, da sie zum einen relativ groß und damit auffällig ist, und zum anderen durchaus laut sein kann, wenn sie mit voller Kraft läuft. Beides kann bei Nachbarn und Freunden unangenehme Fragen auslösen, wenn man die Außenstation zu offensichtlich anbringt.

Zweitens laufen solche Geräte mit mehreren Tausend Watt. Im Sommer, wenn das Gerät auf Hochtouren läuft, verbraucht es damit so viel Strom wie mehrere Blühlampen zusammen, was weder kosten- noch umweltschonend ist. Um den Strombedarf etwas zu reduzieren, sollte man sich in diesem Fall überlegen, ob sich nicht das Abdrehen einiger Lampen während der Hochsommermonate auszahlt – auch hierbei kommt es wiederum auf die Größe Ihrer Anlage an.

Und drittens sollte das Gerät von einem Profi angebracht werden, da alle verlegten Schläuche und Röhren zu einhundert Prozent dicht sein müssen, da man in ihnen mittels einer speziellen Maschine ein Vakuum erzeugen muss. Zwar gibt es auch Anlagen zur Selbstmontage. Ausgehend von diversen Erfahrungsberichten rate ich Ihnen von solchen Geräten jedoch ab, da man meist mehr Probleme als Freude mit ihnen hat. Weitere Tipps, wie Sie die Raumtemperatur Ihrer Anlage beeinflussen können, finden Sie im Unterkapitel *Belüftung* (S. 55).

Doch selbstverständlich ist das Thema Temperaturkontrolle nicht nur im Sommer interessant, sondern auch im Winter, denn schließlich stellen Cannabispflanzen bei Temperaturen von unter 16 °C ihr Wachstum vollkommen ein, was gerade in der Nacht vorkommen kann, wenn die Lampen nicht leuchten und keine Wärme abgeben.

Heizgeräte sind bekanntlich wahre Stromfresser, ihr Einsatz zahlt sich jedoch trotzdem aus, wenn dadurch eine gute Ernte erzielt werden kann – und bedenken Sie: Wenn es in der Nacht in der Plantage so kalt wird, dass die Pflanzen ihr Wachstum einstellen, bedeutet dies im Extremfall, dass sie 12 Stunden pro Tag NICHT wachsen! Dies wirkt sich selbstverständlich extrem auf den Ernteertrag aus! Investieren Sie also ruhig in ein kleines Heizgerät, wobei auch hierbei auf einiges geachtet werden kann: Egal ob Heizlüfter oder Keramikheizgerät – beide arbeiten mit Strom. Achten Sie beim Kauf daher auf die Energieeffizienz und entscheiden sich für einen Ökostromanbieter, wenn Sie etwas für die Umwelt tun möchten.

Kaufen Sie unbedingt ein Gerät, das sich sofort automatisch ausschaltet, wenn es umfällt! Dies ist von enormer Wichtigkeit, da ansonsten akute Brandgefahr besteht!

Außerdem darf es sich bei dem Gerät auf keinen Fall um einen Heizstrahler handeln, der Licht produziert, wenn er läuft – Licht während des Nachtzyklus stresst die Pflanzen extrem, führt zum Einstellen des Blütenwachstums und im Extremfall auch zu Stresszwittern. Stellen Sie das Gerät – egal ob Heizlüfter oder Keramikheizung – in ausreichender Entfernung von den Pflanzen auf, sodass diese nicht zu schnell austrocknen und keine Verbrennungen davontragen. Und meine Empfehlung: Investieren Sie in einen externen Thermostat! Abhängig von der Stärke Ihres Heizgeräts (Wattanzahl) genügt ein günstiges Modell aus der Aquaristikabteilung um 20 Euro, oder es zahlt sich der Kauf eines professionellen, digitalen Thermostats um etwa 80 Euro aus, an das Geräte mit bis zu 3600 Watt angeschlossen werden können. So ein Thermostat kann zwischen Steckdose und Heizung geschaltet werden und hat den Vorteil, dass sich ganz einfach einstellen lässt, bis zu welchem Grenzwert geheizt werden soll.

Liegt die mit einer Sonde gemessene Temperatur darunter, schaltet sich die Heizung ein, liegt sie darüber, bleibt sie ausgeschaltet.

Ein weiterer Vorteil des professionellen Thermostats: Er lässt sich auch auf Kühlung umschalten, sodass ein Klimagerät angeschlossen werden kann. Informieren Sie sich einfach in Ihrem Growshop.

Luftfeuchtigkeit

Ein besonders heikler Punkt in der Produktion von Cannabis ist die Luftfeuchtigkeit. Grundsätzlich sollte die relative Luftfeuchtigkeit in Plantagen zwischen 40 und 60 Prozent liegen, wobei die Pflanzen theoretisch auch eine höhere Luftfeuchtigkeit genießen würden (die Erklärung, weshalb diese trotzdem unerwünscht ist, folgt weiter unten).

Zu beachten ist, dass der reale Wassergehalt in der Luft stark von der Umgebungstemperatur abhängig ist. Sprich: Warme Luft kann mehr Wasser aufnehmen als kalte. Bei einer Raumtemperatur von 25 °C und einer angenommenen Luftfeuchtigkeit von 50 Prozent befindet sich mehr Wasser in der Luft als bei einer Temperatur von 19 °C, auch wenn die Luftfeuchtigkeit ebenfalls bei 50 Prozent liegt.

Doch weshalb sind diese Informationen wichtig? Erstens wird die relative Luftfeuchtigkeit in der Nacht, wenn die Temperaturen tendenziell sinken, stark Ansteigen, und kann so – auch wenn sie tagsüber noch im Idealbereich gelegen hat – dazu führen, dass der Aktivkohlefilter der Abluftanlage kaputt geht. Zweitens: Auch wenn Cannabis eine hohe Luftfeuchtigkeit mag, muss der motivierte Grower diese meistens künstlich reduzieren, da sonst die Gefahr von Schimmelbildung exponentiell steigt! Aufgrund dieser Abhängigkeit von Temperatur und Luftfeuchtigkeit wird man also in den kühlen Monaten die relative Feuchtigkeit auf 60 Prozent steigen lassen und in den Sommermonaten, wenn die meisten Grower eher zu hohe, als zu niedrige Temperaturen in ihrer Anlage haben, darauf achten, dass sie bei etwa 40 Prozent liegt.

Ein weiterer Faktor, der den Anspruch an die Luftfeuchtigkeit beeinflusst, ist das Stadium, in dem sich die Cannabispflanzen befinden: bei Jungpflanzen darf sie gut und gerne etwas höher liegen als bei Pflanzen, die bereits in der Blüte stehen. Zu hohe Feuchtigkeit in der Luft kann zwar zu jedem Zeitpunkt zu Mehltau führen (besonders dann, wenn die Durchlüftung bzw. Luftzirkulation nicht ausreichend vorhanden ist – siehe Unterkapitel *Belüftung*, S. 55), stehen die Pflanzen jedoch bereits in der Blüte, kommt es schnell zu Grauschimmelbildung. Bemerkt man eine solche Schimmelbildung an den Blüten, empfehle ich das Wegschneiden der befallenen Triebe. **Niemals** sollten Blüten, die mit Grauschimmel (oder auch anderen Schimmelarten) befallen sind, geraucht werden, da das direkte Inhalieren von Schimmelsporen zu ernsthaften Lungenproblemen führen kann! Doch auch zu niedrige Luftfeuchtigkeit ist nicht von Vorteil, da dies Schädlinge wie die Spinnmilbe fördert.

Zur Messung der relativen Luftfeuchtigkeit werden **Hygrometer** eingesetzt, je nach Größe Ihrer Anlage sollten Sie mehrere davon in verschiedenen Bereichen aufstellen. Doch wie kann man als Grower nun Einfluss auf die Luftfeuchtigkeit in seiner Anlage nehmen? Gegen zu hohe Luftfeuchtigkeit hilft meist schon das An- bzw. Hochschalten des Abzugventilators, dabei gibt es jedoch zweierlei zu beachten: Beim Absaugen der Luft kühlt diese ab, wodurch sich an der Außenseite des Abzugrohres Kondenswasser bilden kann, das dort abtropft und nicht zu einer Regulierung der Feuchtigkeit im gewünschten Ausmaß führt. Außerdem ist der Aktivkohlefilter, den Sie zur Geruchsvermeidung unbedingt in Ihr Abluftsystem einbauen sollten (siehe *Belüftung*, S. 55), extrem feuchtigkeitsempfindlich!

Sollte die Luftfeuchtigkeit in Ihrer Anlage jemals aus irgendwelchen Gründen über 80 Prozent steigen, können Sie den Aktivkohlefilter sofort entsorgen, da er zukünftig keine Geruchspartikel mehr aus der Luft filtern wird. Ganz im Gegenteil: Es kann sich in den Zwischenräumen der Aktivkohle Schimmel bilden!

Sollten Sie tatsächlich häufig Probleme mit einer zu hohen Luftfeuchtigkeit haben, also wenn das Hygrometer des Öfteren Werte über 60 Prozent anzeigt und keine Veränderungen der Belüftung etwas bewirkt, dann empfiehlt sich die Investition in einen **Luftentfeuchter**, der das aus der Luft extrahierte Wasser sofort in einen Abfluss ableitet oder in einem Kübel sammelt, der mehrmals täglich geleert werden muss.

Solche Luftentfeuchter gibt es in vielen verschiedenen Varianten und Preisklassen und sie sind in jedem Baumarkt erhältlich. Haben Sie eine Klimaanlage in Ihrer Plantage installiert, so kann auch diese ganz einfach zur Luftentfeuchtung eingesetzt werden.

Zu trockene Luft kommt in den meisten Anlagen durch das häufige Gießen der Pflanzen eher selten vor. Gerade in heißen Sommern (wie wir sie zukünftig öfter erwarten dürfen/müssen) kann jedoch auch dieser Fall eintreten. Die Luftfeuchtigkeit zu erhöhen, ist dabei wesentlich einfacher, als sie zu senken – man sollte jedoch darauf achten, dass man es nicht übertreibt und der Hygrometer anschließend in die andere Richtung ausschlägt. Einer der einfachsten Wege, die Luftfeuchtigkeit zu erhöhen, ist das Besprühen der Pflanzen, solange sie noch nicht in der Blüte stehen oder das Besprühen des Bodens mit Wasser. Diese Möglichkeit hat man jedoch nur dann, wenn der Boden auch gefliest ist und man nicht Gefahr läuft, in der darunter liegenden Wohnung Wasserschäden zu verursachen oder das gesamte Gemäuer damit zu befeuchten. Die meiner Meinung nach bessere Variante ist das Aufstellen von mit Wasser gefüllten Gefäßen, wobei der Verdampfungsgrad gesteigert werden kann, wenn man eher breite als hohe Gefäße verwendet. Ich bevorzuge diesen Weg, da er die Möglichkeit bietet, durch Zugabe von ätherischen Ölen Schädlingsprophylaxe zu betreiben (siehe *Schädlingsprophylaxe und -Bekämpfung*, S. 119). Natürlich gibt es auch in jedem Baumarkt elektrische Luftbefeuchter. Im Sinne eines nachhaltigen Handelns, und dazu zählt auch das Sparen von Strom und Ressourcen, rate ich jedoch von der Investition in solche Geräte ab.

Belüftung

Im Allgemeinen produzieren Pflanzen mehr Sauerstoff, als sie verbrauchen und konsumieren umgekehrt mehr Kohlendioxid als sie produzieren, weshalb das Einspeisen von Frischluft vor allem der CO_2-Zufuhr dient. Sinkt der CO_2-Gehalt unter einen gewissen Grenzwert, so stellen die Pflanzen ihr Wachstum ein, weshalb die Absaugung von warmer, mit Sauerstoff angereicherter Luft sowie die Zufuhr von Frischluft mittels eines passend dimensionierten Ventilationssystems unerlässlich ist. Außerdem ist eine ausreichende Ventilation das beste Mittel, um die Unmengen an Wasser aus der Anlage hinaus zu befördern, anstatt sich über eine zu hohe Luftfeuchtigkeit zu ärgern.

Neben der Ventilation ist jedoch auch die Zirkulation von großer Bedeutung. Zum einen verhindert sie das Entstehen von Luft- und damit Temperaturschichten (warme Luft sammelt sich unter der Decke, die kühle Luft steht am Boden), zum anderen schafft sie ein schädlingsunfreundliches Umfeld, da die meisten Schädlinge empfindlich auf Luftzug reagieren. Eine solche Luftzirkulation erzeugt man durch das Aufstellen bzw. Anbringen einer ausreichenden Anzahl an Stand-, Wand- oder Deckenventilatoren, die es in unterschiedlichen Ausführungen und Preisklassen im Sommer in jedem Baumarkt oder ganzjährig in gut ausgestatteten Growshops zu kaufen gibt (nähere Informationen finden Sie am Ende dieses Kapitels).

Der Bau Ihres Ventilationssystems sollte gründlich geplant werden, um maximale Effizienz zu ermöglichen. Dazu ist es nötig, dass Sie die Größe Ihrer Plantage in Kubikmetern kennen (Länge x Breite x Höhe). Zunächst zum **Absaugsystem**:

- Ein Absaugventilator ist viel effizienter als ein normaler Ventilator.
- Die Dimension des Absaugventilators muss so bemessen sein, dass er in weniger als fünf Minuten die Luft des gesamten Raumes austauschen kann.
- Für die Semiprofis: Das Absaugsystem sollte mittels einer Zeitschaltuhr so eingestellt werden, dass die Luft in der Anlage mindestens zweimal pro Stunde komplett ausgetauscht wird. Variieren Sie die Einstellungen der Zeitschaltuhr je nach Jahreszeit bzw. Außentemperaturen: Im Sommer sollte der Ventilator intensiver genutzt werden als im Winter.
- Für die Profis: Investieren Sie in ein Klimakontrollgerät, also einen Dimmer für Ihr Ventilationssystem. Mit einem vorgeschalteten Transformator wird die Drehzahl des Ventilators reguliert – ist auch ein Thermostat eingebaut, wird die Ventilatorendrehzahl je nach Temperatur automatisch reguliert (persönliche Empfehlung!). Auf das Thema Klimakontrollgerät soll unten noch genauer eingegangen werden.
- Auch der angeschlossene Aktivkohlefilter muss an die Raumgröße (Kubikmeter) angepasst sein.

- Der Aktivkohlefilter sollte möglichst knapp unter der Decke montiert werden, sodass vorzugsweise die warme Luft abgesaugt wird.
- Montieren Sie die Absaugung möglichst weit entfernt von der Luftzufuhr, um nicht die Frischluft gleich wieder abzutransportieren.
- Wer Geräusche minimieren muss, kann in extra leise Ventilatoren-Schalldämpfer investieren, die an den Zu- und Ablufträhren des Ventilationssystems montiert werden.
- Dimensionieren Sie den Abluftventilator genauso stark, eventuell sogar etwas größer, wie den Zuluftventilator – so erzeugen Sie in Ihrer Anlage einen Unterdruck, der das Ausströmen von Luft an unerwünschten Stellen verhindert und so die Geruchsbelastung minimiert.

Doch auch bezüglich der Zuluft gibt es einiges zu beachten. Grundsätzlich ist ein Zuluftventilator kein Gerät, ohne das nicht angebaut werden kann, denn da keine Anlage zu hundert Prozent dicht sein wird, kann Frischluft durch diverse Schlitze und Ritzen eingesaugt werden. Eine geplante, also gesteuerte Zuluft hat allerdings den Vorteil, dass man über sie die Temperatur in der Anlage beeinflussen kann. Ich bevorzuge eine Frischluftzufuhr aus einem vorklimatisierten Raum, also beispielsweise einem Keller (wenn dieser frei von Feuchtigkeit und daher auch von Schimmel ist) oder einem anderen, ähnlichen Raum. So kann nämlich im Sommer kühle Luft in die Anlage gelangen, im Winter jedoch keine, die im Minusbereich liegt. Aus diesem Grund würde ich davon abraten, eine Anlage so einzurichten, dass sie Zuluft vom Dachboden oder von einem außen gelegenen, ungeschützten Ort erhält.

Des Weiteren gilt für das **Zuluftsystem**:

- Teilen Sie das Rohr, das die Frischluft hineinbringt, mit einem T- oder Y-Stück, sodass Sie die Frischluft an mehreren Orten auslassen können.
- Wenn möglich, richten Sie einen Teil der Frischluft auf Ihre Vorschaltgeräte, sodass Sie die kalte Luft auch als Kühlung nutzen können.

- Lassen Sie die Frischluft in Bodennähe aus, achten jedoch darauf, dass sie nicht direkt auf die Töpfe oder darunter strömt, da sie ansonsten die Wurzeln kühlt, die es jedoch für das optimale Wachstum und für die Nährstoffaufnahme eher warm brauchen.
- Montieren Sie ein Fliegengitter vor den Frischluftventilator, um ein Eindringen von Insekten zu verhindern.
- Lassen Sie die Zuluft möglichst weit entfernt vom Aktivkohlefilter ausströmen, um eine optimale Luftzirkulation zu gewährleisten.

Das Klimakontrollgerät ist eine nähere Betrachtung wert, da es zur Stabilisierung der Temperaturen sowie der Luftfeuchtigkeit in Ihrer Anlage beitragen kann, wenn es richtig eingesetzt wird. Besitzen Sie nur ein kleines Zelt, so empfiehlt sich der Kauf eines Ventilators, der bereits einen temperaturgesteuerten Transformator eingebaut hat. Für etwas größere Anlagen gilt jedoch: Geräte, die die Drehzahl Ihres Ventilators verändern, gibt es in zahlreichen, unterschiedlichen Modellen – von einfach aussehenden Transformatoren bis hin zu hochmodernen Computersystemen, mit Preisen von 90 bis über 500 Euro (Achtung: Die günstigen Geräte machen häufig ein deutliches Surrgeräusch).

Ich empfehle ein System (egal, ob elektronisch oder digital), an das Sie die Zu- und Abluftventilatoren anschließen können und das mit einem einfachen Thermostat ausgestattet ist. Dieses Klimakontrollmodul wird auf einen temperaturbezogenen Grenzwert eingestellt, zum Beispiel auf 18 °C bei Nacht. Liegt die vom Sensor wahrgenommene Raumtemperatur über dem eingestellten Wert, so wird das Ventilationssystem stark, also mit hoher Drehzahl laufen, liegt der Wert darunter, dimmt das Gerät die Ventilatorendrehzahl herunter. Im Idealfall kann die Drehzahlstärke für beide Modi individuell eingestellt werden. Dieses System hat den Vorteil, dass das Ventilationssystem immer läuft, also stets Frischluft in die Anlage hinein und Feuchtigkeit hinaus transportiert wird und ein ständiger Unterdruck erzeugt wird, wodurch die Geruchsbelastung in der Umgebung der Plantage minimiert wird. Gleichzeitig kann man durch die Intensität der Ventilatorendrehzahl die Temperatur positiv beeinflussen, denn gerade im Winter, wenn draußen Minustemperaturen herrschen, ergibt sich häufig das Problem, dass man eiskalte Luft in die Anlage einbläst und die gerade aufgewärmte Luft wieder hinaus transportiert, wenn der Ventilator mit voller Kraft läuft.

Das Ventilationssystem komplett auszuschalten ist keine gute Idee, da es dann zu einer Sauerstoff- und Luftfeuchtigkeitsanreicherung in der Anlage kommt – was mit einem Transformator effizient vermieden wird. Achten Sie beim Kauf eines solchen Geräts darauf, dass der Thermostat mit einem ausreichend langen Kabel ausgestattet ist, sodass Sie dessen Position in der Anlage flexibel verändern können: Im Sommer sollte er an den heißesten Punkt in der Plantage gehängt und die Ventilatorendrehzahl gesteigert werden, sobald an diesem Platz die Temperatur über 26 °C gestiegen ist. Im Winter jedoch sollte der Sensor am kühlsten Ort montiert werden und die Drehzahl gedrosselt werden, sobald es dort zu kühl wird. Stellen Sie den Grenzwert am besten täglich von Nachttemperaturen (18 °C) auf Tageswerte (24 °C) um oder informieren Sie sich in Ihrem Growshop, ob es ein Gerät gibt, das zusätzlich (nicht anstelle eines Thermostats!) mit einer Zeiteinstellung versehen ist, sodass zwischen Temperaturen im Tag- und im Nacht-Rhythmus unterschieden werden kann.

Es gibt auch Klimakontrollgeräte, die mit einem Hygrostat ausgestattet sind (entweder zusätzlich, oder anstelle des Thermostats). Dies klingt nach einer praktischen Erfindung, die jedoch in der Praxis einen großen Nachteil hat: Das Gerät orientiert sich dann zunächst am Luftfeuchtigkeitswert im Innenraum und nicht an der Temperatur. Dies ist häufig ein Nachteil! Wenn es zum Beispiel draußen regnet, ist die Luftfeuchtigkeit dort wahrscheinlich höher als im Innenraum. Würde der Ventilator mit voller Kraft laufen, weil die relative Luftfeuchtigkeit in der Anlage als zu hoch gemessen wird, stiege diese durch die eingeblasene, kalt-feuchte Luft noch weiter an. Oder das umgekehrte Beispiel: Die Luftfeuchtigkeit liegt im Idealbereich, weshalb der Ventilator nicht hochgefahren wird, obwohl die Temperaturen zu hoch sind – auch keine gute Sache. Im Allgemeinen gilt: Die passende Temperatur geht über die perfekte Luftfeuchtigkeit, schließlich wissen wir bereits, dass die relative Feuchtigkeit stark von der Temperatur abhängig ist, weshalb ich vor allem für die Wintermonate einen zusätzlichen Thermostat für die Heizung empfehle (siehe Kapitel *Temperatur*, S. 47).

Wer nicht in einen Transformator investieren möchte, wird nicht umhinkommen, den Ventilator mittels Zeitschaltuhr zu regeln – im Hochsommer wird der Ventilator ununterbrochen angeschaltet bleiben, in den Übergangszeiten und im Winter muss seine Laufzeit jedoch unterbrochen werden, um nicht ständig kalte Luft in die Anlage zu blasen. Dies ist eine sehr kostengünstige Version der Ventilatorenregulierung, bringt jedoch einige Nachteile mit sich: Es erfordert viel Aufmerksamkeit, die Zyklen der Zeitschaltuhr regelmäßig an die Temperaturbedingungen draußen anzupassen (mindestens einmal pro Stunde sollte die Luft in der Anlage trotzdem komplett ausgetauscht werden). Ist der Ventilator ausgeschaltet, steht im Innenraum die Luft, der Sauerstoffgehalt steigt zusammen mit der Luftfeuchtigkeit sehr schnell und der innen entstehende Duft dringt leicht durch Ritzen und Spalten nach draußen, was in Zeiten der Illegalität von Cannabis sehr gefährlich sein kann! Stellen Sie sich ehrlich die Frage, ob sich dieses Risiko wirklich auszahlt oder ob die Investition in einen Transformator im Zweifel nicht doch günstiger ist.

Neben ausreichend Frischluft und der Absaugung der verbrauchten, heißen Luft können noch weitere Maßnahmen ergriffen werden, um die Luftzirkulation in Ihrer Anlage zu optimieren. Zum Beispiel das Aufstellen bzw. Montieren von Stand-, Wand- oder Deckenventilatoren. Ein Zimmerventilator für eine, maximal zwei Lampen, ist ideal.

Stellen Sie die Geräte so ein, dass sie oszillieren und richten Sie die Ventilatoren mit 50 – 100 cm Abstand direkt auf die Pflanzen. Dies hat mehrere Vorteile: Zum einen wird die durch die darüber hängenden Lampen erzeugte heiße Luft tendenziell weggeblasen, zum anderen schafft ein ständiger Luftzug ein schädlingsunfreundliches Umfeld. Und außerdem werden sich der Stamm und die Äste der Marihuanapflanzen stärker entwickeln, um der ständigen Luftbewegung standhalten zu können, was wiederum den Vorteil hat, dass sie gegen Ende ihrer Lebenszeit kräftig genug sind, um die (optimalerweise) sehr großen und schweren Blüten halten zu können, ohne abzubrechen. Außerdem tragen Ventilatoren zur Durchmischung der Luftschichten und so auch zur Temperaturregulierung bei.

Das Anbaumedium Erde

Eine der grundlegendsten Entscheidungen, die im Hanfanbau zu treffen sind, ist die Wahl des Anbaumediums. Viele Grower entscheiden sich aus Platzmangel oder anderen Gründen für Steinwolle oder Hydroponik-Systeme, vergessen dabei jedoch, dass diese Substrate der Pflanze zwar durchaus als Wurzelmedium (quasi «zum Festhalten») dienen, ihr jedoch nichts weiter zurückgeben. Im Vergleich dazu bietet Erde Lebensraum für zahlreiche (Wurzel-)wachstumsfördernde Mikroorganismen, enthält Mineralien, Spurenelemente und Nährstoffe, ist weniger anfällig für Austrocknung – sie entspricht schlichtweg der Natur. Doch nicht jede Erde ist biologisch. Dass es mittlerweile biologische Erde für den Cannabis-Anbau gibt, ist kein Marketingtrick, sondern vor allem durch zwei Tatsachen begründet: «Normale» Anbauerde ist stark mit chemischen Düngemitteln angereichert, die wir in der biologischen Produktion nicht einsetzen.

- Konventionelle Erde ist mit chemischen Pestiziden behandelt! Die Verwendung eines solchen Substrats wäre kontraproduktiv, wenn gleichzeitig mit Nützlingen gearbeitet wird (siehe *Schädlingsprophylaxe und -Bekämpfung mittels Nützlingen* S. 119).

Bezugsquellen

Aus diesen Gründen ist im Bio-Anbau die altbewährte Erde das Anbaumedium der Wahl! Doch selbstverständlich ist Erde nicht gleich Erde.

- *Normale Bio-Gartenerde aus dem Baumarkt* ist meiner Erfahrung nach wenig geeignet, da diese Erde keine für den Marihuanaanbau wichtige Vordüngung enthält und ihre genaue Zusammensetzung meist unbekannt bzw. ungewiss ist. Manche Bio-Grower empfehlen jedoch Bio-Erde aus dem Baumarkt, die dann mit selbst erzeugtem, (biologisch-)organischem Dünger verwendet wird (vgl. Buzzer 2014). Ich rate jedem von dieser Methode ab, der seine Ernte nicht riskieren, sondern qualitativ und auch quantitativ verbessern möchte.

- Auch *Erde aus dem eigenen Garten* ist auf keinen Fall zu verwenden, außer Sie sind im Besitz eines Erddämpfers, da sich neben diversem Saatgut auch Eier, Larven und ausgewachsene Schädlinge sowie Pilzkulturen darin befinden könnten, wodurch die Verwendung im Indoor-Anbau fatale Folgen haben dürfte. Außerdem sind bei Erde oder Kompost aus dem eigenen Garten (selbst wenn dieser ebenfalls biologisch betrieben wird) die Bestandteile, Inhaltsstoffe, Nährstoffe und vor allem der pH-Wert noch weniger bekannt, als bei jenem Substrat aus dem Baumarkt. Möchte jemand wirklich unbedingt die eigene Erde verwenden, so sollte zuvor eine genaue Laboranalyse gemacht und die Erde vor dem Einsatz in einem Erddämpfer gedämpft werden, um unerwünschtes Saatgut und tierische Lebewesen abzutöten.
- Aus diesem Grund ist auch im biologischen Hanfanbau *Erde aus dem Growshop* zu bevorzugen. Hierbei gibt es jedoch große Unterschiede! In erster Linie ist zu beachten, dass auch das Substrat biologisch (meist mit dem englischen Wort «organic» gekennzeichnet) sein muss, da konventionelle Erde mit starken Pestiziden und künstlichen, chemischen Düngemitteln vorbehandelt ist. Lassen Sie sich nicht von Aufdrucken wie «all natural» oder «Natur pur» täuschen, häufig bewerben Produktionsfirmen ihre Erde auf diese Weise, selbst wenn nur einzelne Bestandteile organisch und nicht chemisch sind. Biologische Erde gibt es mittlerweile von verschiedenen Herstellern wie Bio-Bizz oder Terra Nova. Zum Teil werden sogar mehrere Bio-Erden angeboten, zum Beispiel mit Kokosfasern versetzt oder in unterschiedlichen Vordünge-Stärken. Probieren Sie verschiedene Erden aus und entscheiden Sie selbst, mit welcher Sie am besten arbeiten. Ich bevorzuge wenig vorgedüngte Erde ohne Perlit (Begründung siehe unter *Entsorgung*).

Auch wäre Erde ohne **Torf** zu bevorzugen, da für dessen Produktion immer noch Moore zerstört werden, die jedoch ein extrem wichtiges Ökosystem darstellen. Moore wandeln in einem sehr langsamen Prozess große Mengen CO_2 in Torf um – in tausend Jahren «wächst» ein Moor einen Meter (!) – und lagert dabei mehr Kohlenstoffe ein als jedes andere Ökosystem der Welt![5] Der Verzicht auf torfhaltige Blumenerde trägt damit auf vielfache Weise zum Klimaschutz bei. Leider ist dies auch in der ökologischen Landwirtschaft noch nicht ganz angekommen, weshalb derzeit (meines Wissens nach) keine torffreie Bio-Grow-Erde im Handel erhältlich ist. Die weitere Entwicklung ist abzuwarten.

Die **Entsorgung** des Anbaumediums stellt vor allem in Ländern, in denen der Anbau von Marihuana noch immer verboten ist, häufig ein Problem dar, denn wie wird man schon auf unauffällige Art und Weise solche Mengen an Erde los? Hat man die Möglichkeit, sollte man die verwendete Erde der abgeernteten Pflanzen nicht einfach in den (Bio-)Müll werfen, sondern sie stattdessen im eigenen Garten recyceln. Hat man diese Möglichkeit nicht, kann man Erde problemlos bei einem Spaziergang im Wald oder Park verteilen, um sich ihrer so unauffällig wie möglich zu entledigen. Ich rate davon ab, dieselbe Erde zweimal oder gar noch öfter zum Anbau von Cannabis-Pflanzen zu verwenden.

Empfehlung für Bio-Erde:

- aus dem Growshop
- als ‹biologisch› oder ‹organic› deklariert
- wenn möglich ohne Torf
- ohne Perlit
- wenig vorgedüngt

Statt die Erde für den Indoor-Anbau wiederzuverwenden oder sie ganz wegzuwerfen, kann sie auf den Kompost gegeben werden und diesen so noch weiter aufwerten, man kann sie im Gemüsegarten auftragen, oder man verwendet sie für Blumentöpfe wieder. Besonders Tomaten und andere Starkzehrer freuen sich über die leichte, nährstoffreiche Erde. Doch gilt es, eines zu beachten: Die meisten im Handel erhältlichen Erdmischungen sind mit Perliten versetzt. **Perlit** besteht aus vulkanischem, aufgeschäumten Glas und ist damit ein Naturprodukt, das ohne weiteres auch im Bio-Anbau verwendet werden kann (wobei an dieser Stelle wiederum angemerkt werden muss, dass auch die Produktion von Perlit großer Energiemengen bedarf). Es dient der

Wasserspeicherung wie auch der Durchlüftung der Erde. Im eigenen Garten verteilt, kann es den heimlichen Hanfbauern jedoch schnell in Erklärungsnot gegenüber Nachbarn und Freunden bringen. Aus diesem Grund und weil die Gewinnung, die Produktion und der Transport von Perlit aus ökologischer Sicht ebenfalls nicht unbedenklich sind, verwende ich eine wenig vorgedüngte, Perlit-freie Erde. Um einen ähnlichen (nur besseren) Effekt als mit Perlit zu erzielen, empfehle ich stattdessen den Einsatz von Schafswolle (siehe Kapitel *Düngemittel*, S. 112).

Steinwolle und andere Fehlschläge

Gerade in größeren Plantagen, aber auch in vielen kleinen Zelten wird heute vor allem mit Hydrokultur, also mit **Steinwolle** oder ähnlichen sterilen Substraten gearbeitet. Diese haben im großen Stil den Vorteil, dass sie besonders unattraktiv für Schädlinge sind, und im Kleinen, dass sie bei der Lagerung besonders wenig Platz benötigen,und bei der Entsorgung im Restmüll wenig auffallen.

In der biologischen Landwirtschaft ist der Einsatz dieses Anbaumediums jedoch aus zahlreichen Gründen verboten und auch im biologischen Hanfanbau (der in Österreich und Deutschland grundsätzlich verboten ist) muss unbedingt darauf verzichtet werden! Denn:

- Steinwolle wird aus verschiedenen Mineralien, die in großen Steinbrüchen gewonnen werden, einer Kombination aus Bindemitteln sowie Mineralöl produziert, wobei für das Einschmelzen der Mineralien Temperaturen von bis zu 1500 °C benötigt werden – ein enormer Energieaufwand von 150 bis 400 kW/m^3.
- Mineralwolle ist gesundheitsschädlich! Die Fasern führen bei Hautkontakt zu leichten Rötungen, bis hin zu Schwellungen mit Juckreiz. Der feine Mineralstaub, der bei jeder Arbeit mit Steinwolle in die Luft gerät, führt durch die Reizung der Luftröhre zu Husten und steht sogar im Verdacht, Krebs (vor allem Lungen- und Kehlkopfkrebs) zu verursachen!
- Es macht auch für die Pflanze einen großen Unterschied, ob sie in Erde heranwächst, die Lebensraum für unzählige Mikroorganis-

men, Pilze und ähnliches bietet, oder ob sie auf steriler Steinwolle steht, immer gefährdet, schnell auszutrocknen und immer abhängig von regelmäßiger Düngung, da das Medium (im Gegensatz zu natürlicher Erde) keine Nährstoffe oder Mineralien speichert.
- Und nicht zuletzt ist die Entsorgung des Materials problematisch. Da sie weder kompostier- noch recycelbar ist, landet die einmal verwendete Steinwolle auf der Deponie, wo sie das weltweite Müllproblem nur weiter verschärft.[6]

Aufgrund dieser Aspekte wird im biologischen Hanfanbau vollkommen – also auch bei der Stecklingsaufzucht – auf Steinwolle und ähnliche Materialien verzichtet! An dieser Stelle ist anzumerken, dass im freien Handel Stecklinge ausschließlich auf Steinwollwürfeln erhältlich sind – nur einer von mehreren Gründen, weshalb die eigene Stecklingsaufzucht vorzuziehen ist (siehe Kapitel *Die eigene Stecklingszucht*, S. 79).

Ein weiteres im Handel problemlos erhältliches Anbaumedium ist **Kokos**. Kokossubstrate werden aus den Fasern der Kokosnuss gewonnen und sind damit komplett biologisch abbaubar. Selbstverständlich können für den biologischen Cannabisanbau Kokossubstrate als Anbaumedium verwendet werden, empfehlen würde ich dieses Material als Alternative zum Anbau mit Erde aber nicht. Dies hat dreierlei Gründe: Erstens wachsen Kokospalmen ausschließlich in sehr weit entfernten Gegenden, weshalb die Fasern einen sehr langen Transportweg hinter sich bringen müssen, bevor sie in heimischen Growshops zum Verkauf angeboten werden können. Zweitens muss das Material durch sehr hohe Temperaturen sterilisiert werden – beides trägt zu einem deutlich höheren CO_2-Fußabdruck bei, als dies bei Erde der Fall ist. Und drittens führt die Behandlung mit hohen Temperaturen zu einer verminderten Saugfähigkeit der Kokosfasern, weshalb das Substrat schneller austrocknet.

Dies ist für mich ein rein praktischer Ausschlussgrund, der vor allem dann tragend wird, wenn man nach den Mondzyklen arbeitet und immer wieder für mehrere Tage nicht gießt.

Falls Sie sich für den Anbau mit Kokossubstraten entscheiden, informieren Sie sich zuvor über die Arbeitsweise mit hydroponischen Systemen, die Anwendung von Enzymen (denn diese sind für einen erfolgreichen Anbau mit diesem Substrat von essentieller Bedeutung) und besorgen Sie sich spezielle Düngemittel, die für die Anwendung mit Kokos geeignet sind.

Ebenfalls immer wieder zum Einsatz kommt **Keramsit**. Dieses in Reinform ausschließlich für den hydroponischen Anbau geeignete «Substrat» wird im deutschsprachigen Raum auch Blähton genannt (nicht mit dem Porenbeton verwechseln, der auch als Blähbeton bezeichnet wird). Er wird in der Literatur häufig empfohlen, um ihn mit verschiedenen anderen Substraten zu mischen, da er die Belüftung der Wurzeln fördert. Zwar würde Keramsit im biologischen Cannabis-Anbau wahrscheinlich zugelassen werden, wenn dieser legal wäre. Meiner Meinung nach sollte jedoch trotzdem darauf verzichtet werden, da das Material zwar aus kalkarmem Ton produziert wird, für seine Herstellung jedoch Temperaturen von etwa 1200 °C benötigt werden und zusätzlich Kohlendioxid durch die chemische Reaktion erzeugt wird. Und das stellt eine doppelte Belastung für die Umwelt dar.

Die Wahl des Topfes

Aus ökologischer Sicht ist der Einsatz von Tontöpfen, im Gegensatz zu Plastikmaterial, die sinnvollere Variante. Da Ton jedoch atmet und daher die Erde schneller austrocknet und weil Tontöpfe recht schwer sind – wodurch das Umstellen der Pflanzen zur akuten Gesundheitsgefährdung für den Grower würde –, greifen wir auch im Bio-Anbau auf Kunststoffstöpfe zurück. Momentan werden sogenannte «Air-Pots» groß beworben. Ich habe damit keine guten Erfahrungen gemacht. Die vielen Löcher gewährleisten zwar eine bessere Belüftung und dadurch auch ein besseres Wurzelwachstum, jedoch trocknet die Erde, vor allem während der Blütephase, wenn die Pflanzen schon sehr groß sind, drei- bis viermal schneller aus, als in geschlossenen Töpfen. Da ich nach den Mondphasen arbeite und durch die mehrtägigen Gießpausen eine große Wasserersparnis erziele, wäre der Einsatz solcher «Air-Pots» kontraproduktiv. Manche Hanfbauern glauben:

mehr Pflanzen = mehr Ernte. Aus diesem Grund – und da diese Angaben sogar in mancher Literatur zu finden sind – werden manchmal Pflanzen in zehn Zentimeter kleinen Töpfchen, dafür jedoch bis zu 36 Töpfe, unter eine Lampe gestellt.

Im Bio-Anbau wird anders gearbeitet. Um höhere Erträge zu erzielen, wird versucht, für die Pflanzen optimale Bedingungen herzustellen. Aus diesem Grund stellen wir pro Lampe nur vier, maximal fünf Töpfe, diese haben dann jedoch einen Durchmesser von etwa 36 Zentimetern (etwa 20 bis 25 Liter). Dies verbraucht viel Erde und erschwert das Umstellen der Pflanzen. Weshalb also solche großen Töpfe?

Wild bzw. im Outdoor-Bereich wachsende Marihuanapflanzen entwickeln tiefreichende Wurzeln, die selbst in trockenen Zeiten die Wasserversorgung sichern und bei Sturm die Pflanze fest im Boden verankern. Auch in einem Zehn-Zentimeter-Topf wächst eine Hanfpflanze, sie wird jedoch wesentlich leichter austrocknen und welken, da das geringe Erdvolumen kaum Wasser speichern kann. Auch erhält die Pflanze weniger Dünger als in größeren Töpfen, da das Anbaumedium weniger speichern kann. Sie wird bei weitem nicht den Ertrag bringen wie in einem angemessen großen Topf. Außerdem kann sie leicht umkippen, und durch das mit zunehmendem Alter dichter werdende Wurzelwerk wird die Erde immer fester, also luftundurchlässiger, wodurch es schnell zum Verfaulen der Wurzeln oder zu Schimmelbefall kommen kann. Ein großer Topf speichert also mehr Wasser und Düngemittel, bietet den Wurzeln ausreichend Platz zum Wachsen und lässt ein gesundes Bodenleben zu. Der Einsatz von runden Töpfen empfiehlt sich ebenso, denn diese vermindern zusätzlich das zu rasche Austrocknen, außerdem werden die Ecken von quadratischen Töpfen nur schlecht durchwurzelt.

Der ideale Topf:

rund, Durchmesser ca. 36 cm, Fassungsvolumen 20 – 25 l

Selbstverständlich könnte man unter eine Lampe auch mehr als nur vier oder fünf dieser großen Töpfe stellen – erfahrungsgemäß bringt dies jedoch mehr Nach- als Vorteile mit sich. Die geringe Besatzdichte führt dazu, dass jede einzelne Pflanze mehr Licht bekommt und sich so schöner und besser entwickelt. Außerdem dient sie auch der Schädlingsprophylaxe, da die Luftzirkulation bei locker stehenden Pflanzen besser funktioniert und sich die Schädlinge schwerer von Pflanze zu Pflanze verbreiten.

1) www.gesundheit.gv.at 2014: Öffentliches Gesundheitsportal Österreich **www.is.gd/aPb4jt (11.5.2015);**

2) www.kernenergie.ch 2015: eine Informationsdienstleistung von swissnuclear **www.is.gd/ENBpQA;**

3) www.kernenergie.de Deutsches Atomforum e.V. **http://is.gd/1xrmTB;**

4) www.greenpeace.org 2013: Greenpeace in Zentral- und Osteuropa **http://is.gd/sf1flj (7.4.2015);**

5) www.wwf.at 2010: WWF Österreich **http://is.gd/qJUkAf (7.4.2015);**

6) www.uni-koeln.de 2000: Fachvereinigung Mineralfaserindustrie e.V., Deutscher Abbruchverband, u.a. **http://bit.ly/1ZbOQot, http://bit.ly/1SLY6iR (07.04.2015)**

Bio-Hanfpflanzen

Eher früher als später muss sich jeder Hanf-Grower überlegen, woher der Pflanzenbesatz für seine Plantage stammen soll. Im Allgemeinen gibt es zwei Möglichkeiten: Pflanzen aus Samen ziehen oder Stecklinge verwenden. Stecklinge können in Growshops gekauft werden (schließlich sind paradoxerweise Zucht und Verkauf von Hanfstecklingen in Österreich erlaubt, wo Cannabis ansonsten verboten ist) oder – falls bereits Hanfpflanzen vorhanden sind – selbst geschnitten werden. Jede dieser Optionen birgt unterschiedliche Vor- und Nachteile. Im Folgenden wird hervorgehoben, worauf bei jeder dieser Vermehrungsarten im biologischen Anbau zu achten und wie Schritt für Schritt vorzugehen ist. Auch auf den Kauf von Pflanzen wird kurz eingegangen.

Vom Samen zur Pflanze

In Österreich, wie in vielen anderen EU-Ländern auch, ist der Kauf von Samen heutzutage sehr unproblematisch, da sie in jedem Growshop erhältlich sind. Sogar Samen-Automaten gibt es mancherorts bereits, an denen man 24 Stunden am Tag zwischen vielen verschiedenen Sorten wählen kann (Abb. 1). Will man jedoch hundert Prozent biologisch anbauen, so fällt die Wahl schon schwerer. Zwar gibt es bereits in einigen Growshops Bio-Samen zu kaufen – also Samen, die von biologisch gezüchteten Marihuanapflanzen stammen und nicht mit Chemikalien vorbehandelt sind –, jedoch ist dies noch lange nicht selbstverständlich. Wem eine solche Auswahl nicht zur Verfügung steht, der kann jedoch trotzdem zweierlei Dinge beachten, um im ökologisch-biologischen Sinne zu handeln: Entscheiden Sie sich gegen feminisierte Samen und Automatik-Sorten!

Abb. 1: Hanfsamen-Automaten in Wien – 24 Std. pro Tag zugänglich

Feminisierte Samen erfreuen sich zunehmend großer Beliebtheit, da alle aus solchen Samen gezogenen Pflanzen weiblich sein sollten, obwohl «normale» Cannabissamen sowohl weibliche als auch männliche

Geschlechtsanlagen besitzen. Welches Geschlecht sich aus einem Samen entwickelt, ist im Normalfall nicht festgelegt, sondern von diversen Umweltbedingungen abhängig, vor allem jedoch von der vorherrschenden Temperatur. Durch die Verwendung von feminisierten Samen soll das Ziehen von weiblichen Marihuanapflanzen erleichtert werden, da sich der Grower weniger mit seinen Zöglingen beschäftigen muss, sprich weniger darauf achten muss, rechtzeitig alle männlichen Sprösslinge zu entfernen. Übersieht man nur eine einzige männliche Pflanze, so kann dies zur Versamung der gesamten Anlage führen, was tunlichst vermieden werden sollte, wenn man genussfähiges Cannabis produzieren möchte.

Feminisierte Samen werden heute durch den Einsatz von chemischen Mitteln bzw. künstlichen Hormonen hergestellt, was dazu führt, dass weibliche Pflanzen zu sogenannten Stresszwittern werden, also männliche Geschlechtsorgane entwickeln. Diese befruchten sich dann selbst, wodurch Samen mit rein weiblichen Geschlechtsanlagen entstehen. Diese Samen nennt man dann feminisiert, da aus ihnen (rein theoretisch) nur weibliche Pflanzen heranwachsen können. Im Bio-Anbau sollte jedoch aufgrund des Einsatzes von Hormonen von dieser unnatürlichen Fortpflanzungsart Abstand gehalten werden. Doch auch als Nicht-Bio-Grower würde ich keine feminisierten Samen einsetzen, da die daraus gezogenen Pflanzen im Allgemeinen sehr stressanfällig sind und wiederum leicht zu Stresszwittern neigen – was die ganze Sache ad absurdum führt. Außerdem ist die Genetik von feminisierten Samen sehr instabil, weshalb die daraus wachsenden Pflanzen sich in ihren Eigenschaften stark voneinander unterscheiden können, auch wenn sie zur selben Sorte gehören. Eine Eigenschaft, die sie auch an Stecklinge weitergeben, die aus ihnen gewonnen werden.

Autoflowering-Cannabis-Sorten, sogenannte **Automatik-Pflanzen**, wurden durch die Kreuzung der Arten *Cannabis ruderalis* und *sativa* bzw. *indica* gezüchtet und zeichnen sich dadurch aus, dass sie unabhängig vom aktuellen Lichtzyklus in die Blüte gehen. Sie benötigen, je nach Sorte, 50 bis 85 Tage bis zur Erntereife und blühen auch bei 18 bis 20 Stunden Licht pro Tag, sodass kein eigener Grow- und Blüteraum benötigt wird. Dies bedeutet jedoch auch, dass täglich 18 bis

20 Stunden Strom zur Beleuchtung des Raumes benötigt werden! Das kann nicht im Sinne eines ökologisch nachhaltigen Anbaus sein. Zwar empfinden es einige Grower als Vorteil, dass die Pflanzen im Allgemeinen nicht besonders hoch werden, jedoch bringen sie dann den großen Nachteil mit sich, dass die Ernte im Durchschnitt äußerst schlecht ausfällt. Ein Ernteertrag von nur 40 bis 120 Gramm pro Lampe ist durchaus normal. Ganz abgesehen davon sind sie sehr stressanfällig und reagieren gerade bei Temperaturschwankungen gerne mit Zwitterbildung. Außerdem sind sie durch ihre Automatik-Funktion absolut ungeeignet zur Stecklingsgewinnung!

Da sich die Genetik von Pflanzen ständig verändert, sind vor allem ältere Samen von wenig überzüchteten Pflanzen sehr teuer. Meiner Erfahrung nach zahlt sich jedoch die Investition in solche Samen aus, wenn man Pflanzen mit einer gesunden, stabilen Genetik haben möchte. Außerdem sind alte Sorten meistens krankheitsresistenter, vitaler und ertragreicher als viele neu gezüchtete Varietäten. Sehen Sie sich auch im Urlaub nach Hanfsamen um, in anderen Ländern sind nämlich häufig auch andere Sorten erhältlich als in Österreich, Deutschland und der Schweiz. Hanfsamen sind im gekühlten Zustand sehr lange lagerfähig, ich empfehle daher das Anlegen einer kleinen privaten Samenbank im Kühlschrank – man weiß schließlich nie, wie lange man Hanfzubehör, aber eben auch Samen noch legal im Geschäft kaufen darf.

Samen für Samen

Bei der Cannabiszucht aus Samen gibt es verschiedene Herangehensweisen, die jeweils Vor- und auch Nachteile mit sich bringen. Am besten probieren Sie unterschiedliche Methoden aus und entscheiden dann selbst, mit welcher Sie am liebsten arbeiten. Für den biologischen Samenanbau ist es jedenfalls von Bedeutung, dass als Anbaumedium auf Steinwolle verzichtet wird und man sich bei den Samen im Idealfall für biologische, ansonsten jedoch zumindest gegen feminisierte entscheidet.

Einweichen und Vorkeimen: Weichen Sie die Samen über Nacht, also idealerweise acht Stunden lang, in einem Glas Wasser ein (Abb. 2).

Länger als 24 Stunden sollten Samen jedoch nicht eingeweicht werden, da ansonsten der Verrottungsprozess beginnt und sie ihre Keimfähigkeit verlieren. Häufig wird als nächster Schritt das Vorkeimen in feuchtem Papier oder in einer Keimschale empfohlen. Dies hat den Vorteil, dass Sie nur die tatsächlich keimenden Samen einpflanzen, der große Nachteil ist aber, dass Samen in diesem Stadium extrem empfindlich auf Austrocknung reagieren. Werden bereits angekeimte Samen nur ein einziges Mal zu trocken, sind sie tot! Liegen sie jedoch in der Nässe, drohen sie zu verschimmeln. Entscheiden Sie sich also nur für das Vorkeimen, wenn Sie genügend Zeit haben und die Feuchtigkeit regelmäßig (also am besten mehrmals täglich) kontrollieren können. Legen Sie ein Stück Küchenrolle, das Sie zuvor angefeuchtet haben, auf einen flachen Teller. Verteilen Sie darauf die Hanfsamen – sie sollten sich auf keinen Fall berühren (Abb. 3)! Bedecken Sie die Samen nun mit einem weiteren feuchten Tuch und gießen Sie das eventuell entstandene Stauwasser ab. Decken Sie nun das Ganze mit einem weiteren, umgedrehten Teller ab, sodass die Hanfsamen in einer dunklen, feuchten Umgebung zu keimen beginnen können (Abb. 4). Achten Sie darauf, dass die Temperatur immer zwischen 21 und 30 °C liegt. Bedenken Sie jedoch folgende Punkte: Das Geschlecht der keimenden Cannabispflanzen wird maßgeblich von der herrschenden Temperatur beeinflusst. Bei 21 °C keimen mehr weibliche Pflanzen als bei 30 °C, außerdem verringern Sie bei niedrigeren Temperaturen die Gefahr der Austrocknung. Andererseits werden die Sämlinge schneller

Abb. 2: Die Samen werden zunächst schwimmen, erst nach einiger Zeit beginnen sie abzusinken;
Abb. 3: Die Samen sollten sich beim Vorkeimen nicht berühren.

Abb. 4: Ein Teller dient als Keimschale, der zweite verhindert das Austrocknen der Samen; **Abb. 5:** Die Keimsprosse hat die Samenhülle durchbrochen – Tag 4; **Abb. 6:** Die Keimsprosse wächst quasi stündlich sichtbar – Tag 5 (morgens); **Abb. 7:** Keimling am Tag 5 (abends); **Abb. 8:** Keimling am Tag 7

keimen, wenn die Temperaturen höher sind. Entscheiden Sie selbst, was Ihnen wichtiger ist. Kontrollieren Sie mindestens einmal pro Tag die Feuchtigkeit der Tücher. Die Samen brauchen nur etwa drei Tage, bis Sie den ersten feinen weißen Keimspross erkennen können (Abb. 5 bis 8).

Vorkeimen ist jedoch kein Muss. Wollen Sie darauf verzichten, dann lassen Sie den Schritt einfach aus, Sie müssen jedoch einplanen, dass eben nicht jeder Samen auch tatsächlich keimt. Ich verzichte meistens auf das Vorkeimen, da ich das direkte Einsetzen für natürlicher halte, vor allem jedoch, da man vorgekeimte Sämlinge extrem leicht verletzen und damit die Pflanze schädigen kann, womit sich meiner Meinung nach der Vorteil des Vorkeimens erübrigt.

Das Keimen im Mini-Treibhaus: In jedem Fall muss ein Stecklings- bzw. Minitreibhaus vorbereitet werden, das mit einer Mischung aus Anbauerde und pH-neutralem Sand (2:1) gefüllt und anschließend so eingegossen wird, dass die gesamte Erde gut feucht ist, sich am Boden jedoch kein Stauwasser absetzt. Wenn Sie möchten, können

Sie auch etwas von der Bewurzelungshilfe, die Sie verwenden, beifügen. Machen Sie die Gewichtsprobe, die Ihnen zeigen soll, ob die Erde genügend bzw. zu viel eingegossen wurde, genauso wie es in der Stecklingszucht gemacht wird – in beiden Fällen gilt: Übung (also Erfahrung) macht den Meister!

Stecken Sie nun die Samen etwa zwei bis drei Millimeter (maximal fünf Millimeter) tief in die Erde. Decken Sie das Häuschen ab und stellen es auf eine Heizmatte unter eine kleine Zuchtlampe (Leuchtstoffröhren), die auf einen Lichtzyklus von täglich 14 bis 18 Stunden eingestellt ist (weniger Lichtstunden führen zu mehr weiblichen Cannabispflanzen). Die Erdtemperatur liegt optimalerweise zwischen 24 und 26 °C, es sollte jedoch niemals wärmer als 29 °C werden, da die Pflanzen sonst zu sogenanntem Geilwuchs neigen (Etiolement), also zu extremem Wachstum in die Höhe und ohne Seitenwachstum. Wenn Sie die Samen vorgekeimt haben, achten Sie jedoch besonders darauf, dass die Keimsprosse noch oben und eventuell schon vorhandene feine Wurzeln nach unten zeigen und beim Anfassen nicht beschädigt werden. Arbeiten Sie besonders schnell, da die jungen Keimlinge kein Licht vertragen. Kontrollieren Sie weiterhin regelmäßig, jedoch nicht mehr täglich, die Feuchtigkeit der Erde und achten darauf, dass das Anbaumedium nicht zu feucht ist, da die Samen ansonsten zu schimmeln beginnen können.

Innerhalb der nächsten drei bis sechs Wochen (sorten- und temperaturabhängig, wenn vorgekeimt wurde, auch schon nach zwei Wochen) werden die Keimlinge aus der Erde sprießen und dann zunächst zwei Keimblätter (Abb. 9), später dann «normale» Hanfblätter produzieren (Abb. 10). Wundern Sie sich nicht, wenn dieses Wachstum nur sehr langsam vor sich geht, denn in dieser Wachstumsphase investiert die Pflanze ihre Energie vor allem in ihr Wurzelwachstum, erst später wird sie dann in die Höhe und in mehr Blätter investieren. Wenn Sie die ersten kleinen Sprösslinge sehen, können Sie damit beginnen, dem Gießwasser eine leichte Düngerlösung beizufügen – achten Sie jedoch auf alle Fälle weiterhin genau auf die Feuchtigkeit der Erde, da die Pflanzen noch immer extrem empfindlich auf Trockenheit reagieren. Außerdem sollten Sie während der gesamten Keimung auf die

Abb. 9: Keimling in der 3. Woche – zwei Keimblätter verraten die Art des Pflänzchens noch nicht;
Abb. 10: Keimling in der 4. Woche – die typische Hanfblatt-Form ist nun erkennbar

passende Temperatur achten. Nochmals zur Erinnerung: niedrigere Temperaturen, kürzere Lichtzyklen und hohe (Luft-)Feuchtigkeit fördern die Entwicklung von weiblichen Pflanzen. Hohe Temperaturen, lange Lichtzyklen und niedrige (Luft-)Feuchtigkeit führen vermehrt zu männlichen Cannabispflanzen.

Der Sämling wird zur Jungpflanze: Beginnen die Sämlinge, in die Höhe zu wachsen und zunehmend mehr Blätter zu entwickeln, ist die Keimphase beendet, und es beginnt die vegetative Phase. Nun zahlt es sich aus, das Stecklingshaus unter die 400-W-Hochdrucklampe mit hohem Blau- und geringem Rotlichtanteil zu stellen, und auch auf den Deckel kann nun langsam verzichtet werden – langsam im Sinne von: Nicht einfach den Deckel wegnehmen und offen stehenlassen, sondern zunächst die Lüftungsschlitze immer mehr öffnen und erst dann den Deckel des Gewächshauses vollkommen entfernen. Sind die Jungpflanzen etwa 10 – 15 cm hoch, können sie in kleine Töpfe umgetopft werden. Dafür füllen Sie kleine Töpfe mit Anbauerde und graben in die Mitte eine kleine Mulde, in die Sie ggf. Pilzkulturen zur Förderung des Wurzelwachstums geben. Bereiten Sie die Töpfe unbedingt vor, bevor Sie die Jungpflanzen aus dem Gewächshäuschen nehmen, da die Wurzeln lichtempfindlich sind. Versuchen Sie, beim Herauslösen der Pflanzen so wenig Wurzeln abzureißen wie möglich. Füllen Sie nun den Topf mit Erde auf und drücken Sie diese fest, sodass noch etwa 1 – 2 cm Platz bis zum Topfrand bleibt, damit sich das Gießwasser darin sammelt und langsam in die Erde einsickern kann. Gießen Sie die Jungpflanzen zum Abschluss noch an, dann haben Sie erfolgreich Ihre eigenen Cannabispflanzen vermehrt!

Die Geschlechtsbestimmung: Vorsicht! Nun haben Sie sowohl weibliche als auch männliche Pflanzen! Wie kann man nun also die männlichen Kandidaten aussortieren, bevor sie in die Blüte gestellt werden und so zu einer Versamung der gesamten Anlage führen können? Meist lassen sich bereits beim Heranwachsen im Stecklingshaus die ersten männlichen Pflanzen erkennen, denn diese wachsen im Allgemeinen deutlich schneller als ihre weiblichen Kolleginnen. Ich bin also dazu übergegangen, bereits vor dem Umtopfen jene Pflanzen auszusortieren, die den anderen deutlich voraus sind. Dies fällt vielen jedoch schwer, da man selbstverständlich die stärksten und schönsten Pflanzen gerne behalten würde – meiner Erfahrung nach sind jedoch genau diese die männlichen Cannabispflanzen.

Ich empfehle unbedingt die Geschlechtsbestimmung durch die Stecklingsprobe! Sind die Pflanzen groß genug, beschneide ich sie zum ersten Mal, um Stecklinge zu nehmen (nähere Informationen zur Stecklingszucht siehe S. 39ff). Dabei ist Genauigkeit gefragt: Markieren Sie jeden Steckling so, dass Sie ihn auch noch nach einer Woche jener Pflanze zuordnen können, von der er geschnitten wurde. Ich markiere die «Jung-Mutter» und ihre Stecklinge (mindestens zwei pro Pflanze) mit auffälligen, unterschiedlich beschrifteten/bemalten Pflanzenschildern. Das fertig befüllte Stecklingshaus stelle ich sofort auf 12 Stunden Licht und 12 Stunden Dunkelheit um; entweder stelle ich es täglich in eine lichtdichte Kiste oder in den Blühraum. Nach wenigen Tagen entwickeln die Stecklinge Blütenansätze – noch bevor sie Wurzeln ausgebildet haben. Durch die genaue Untersuchung der Blüten kann relativ einfach festgestellt werden, ob es sich bei den Stecklingen um männliche oder weibliche Pflanzen handelt. Die männlichen Pflanzen, die noch immer in der vegetativen Phase stehen, werden dann sofort aussortiert (es sei denn, man möchte selbst Samen produzieren). Weibliche Pflanzen erkennen Sie an den weißen Griffeln in den Sprossachsen, männliche Pflanzen bilden an diesen Stellen grüne

Tipp: Wie erzeugt man mehr weibliche als männliche Sämlinge?

- Temperaturen zwischen 21 – 23 °C
- hohe (Luft-) Feuchtigkeit
- Lichtzyklus von 14 Stunden
- mehr Blau- als Rotlichtanteile
- Stress vermeiden!

Dornen aus. Auf diese Weise lassen sich die aus Samen gewonnenen Pflanzen leicht ‹sexen› (also weibliche und männliche voneinander trennen), ohne wirklich das Risiko einzugehen, sich die gesamte Anlage zu versamen.

Pflanzen in sieben Schritten aus Samen ziehen:

1. Samen acht bis maximal zwölf Stunden in einem Glas Wasser einweichen.
2. Lassen Sie die Samen eventuell drei Tage lang in feuchter Küchenrolle zwischen zwei Tellern vorkeimen.
3. Bereiten Sie ein Stecklingshaus vor, in das Sie die Samen/Keimlinge in 3 mm Tiefe einpflanzen.
4. Lassen Sie das Gewächshäuschen etwa sechs Wochen unter einer Leuchtstoffröhre und anschließend unter einer 400-W-Lampe mit hohem Blaulichtanteil und auf einer Heizmatte mit 14 bis 16 Stunden Licht täglich stehen, und achten Sie besonders auf Temperatur und Feuchtigkeit.
5. Topfen Sie die Jungpflanzen in kleine Töpfe um.
6. Schneiden Sie Stecklinge, wobei pro Pflanze mindestens zwei Stecklinge genommen werden, die so markiert werden müssen, dass sie ihrer Mutterpflanze zuzuordnen sind.
7. Stellen Sie die Stecklinge auf einen 12-Stunden-Licht-Dunkelheit-Zyklus ein, sodass nach ewa einer Woche erkennbar ist, welche Pflanze männlich und welche weiblich ist. Entsorgen Sie die Stecklinge und alle männlichen Pflanzen umgehend!

Zum richtigen Zeitpunkt ansäen

Werden Samen nach den Mondrhythmen ausgesät, so keimen mehr Samen als an ungünstigen Tagen. Außerdem wachsen daraus kräftigere, gesündere Pflanzen, deren Blüten besonders ertragreich werden. An ungünstigen Tagen kommt es hingegen häufig zu Schimmelbildung, zu mehr Ausfällen und schlechter wachsenden Keimlingen.

+++ im zunehmenden Mond bei Zwilling, Waage, Wassermann
+ immer Skorpion, bei zunehmendem Mond in Löwe und Jungfrau
- immer Schütze, bei abnehmendem Mond, Voll- und Neumond

Die eigene Stecklingszucht

Was sind Stecklinge? Stecklinge, auch Ableger oder Schößlinge genannt, sind Klone einer Pflanze. Man gewinnt sie, indem man bestimmte Teile einer ausgewachsenen Pflanze abschneidet und in vorbereitete Erde steckt, wo sie im Idealfall Wurzeln bilden und so zu eigenständigen, vollwertigen Pflanzen heranwachsen. Stecklinge sind also Kopien von Mutterpflanzen und haben dieselbe Genetik. Man kann sich entscheiden, ob man eine ausgewählte Mutterpflanze im Growbereich zieht, die über mehrere Jahre zur Stecklingszucht herangezogen wird, oder ob man die Stecklinge aus jenen Pflanzen gewinnt, die man zurückschneidet, um sie kurz darauf in den Blühbereich umzustellen. Ich bevorzuge die zweite Variante, da man so keinen Platz im Grow-Bereich verschenkt. Jedoch muss man dann bedenken, dass es wie beim Kopieren eines Bildes ist: Macht man immer wieder Kopien von Kopien, leidet irgendwann die Qualität darunter. Dies kann bei Hanfpflanzen erfahrungsgemäß etwa zehn Generationen dauern. Bemerkt man jedoch solche Anzeichen bei den gezogenen Stecklingen, sollte man sich um frische Genetik bemühen. Auch ist darauf zu achten, dass man Stecklinge nicht von Automatikpflanzen heranziehen kann.

Die Zucht von eigenen Stecklingen hat viele Vorteile:

- Man kann sich die Genetik erhalten, mit der man positive Erfahrungen gemacht hat.
- Man ist unabhängig von Stecklingserzeugern, die ihre Pflanzen häufig überteuert verkaufen.
- Man kann seine eigenen Bio-Jungpflanzen ziehen und auf konventionell produzierte Zukäufe verzichten.
- Man weiß genau, unter welchen Bedingungen und mit welchen Mitteln die Pflanzen gezogen wurden.
- Man vermeidet das Einschleppen von Schädlingen.
- Durch das Selbst-Ziehen von Stecklingen kommt keine Steinwolle zum Einsatz.

Utensilien und Grundsätzliches

Ihr Werkzeug: Zur Stecklingsproduktion sind gewisse Utensilien nötig: Skalpelle (in den meisten Apotheken erhältlich) oder Rasierklingen (sie sind jedoch gröber und umständlicher in ihrer Handhabung), Bewurzelungshilfe, Pulver mit Mikroorganismen und Pilzkulturen, optional: Kartonrollen von Klopapier- oder Küchenrollen (im Idealfall vollkommen unbedruckt), mit einem Durchmesser von 3–4 cm.

Das Stecklingshaus: Bei der Anschaffung des Miniatur-Gewächshauses zahlt es sich aus, auf etwas hochwertigere, teurere Modelle zurückzugreifen. Entscheiden Sie sich für ein Haus aus Hartplastik, das Sie auch befüllt noch einfach umstellen können, ohne dass der Boden aufgrund des Gewichtes knickt. Außerdem sollte das Dach unbedingt mit verschließbaren Klappen/Ventilen ausgestattet sein, um den Stecklingen je nach Entwicklungsstadium unterschiedlich viel Frischluft zukommen zu lassen.

Das Anbaumedium: Auch bei der Stecklingszucht wird, will man biologisch produzieren, auf Steinwollwürfel verzichtet. Stattdessen ist auch in diesem Fall das Anbaumedium der Wahl jene Bio-Erde, die auch für die großen Töpfe verwendet wird. Spezielle Anbauerde ist meiner Erfahrung nach nicht nötig. Wer möchte, kann jedoch für die Stecklinge etwas sterilen Sand in die Erde mischen.

Luft, Wasser und Wärme: Frisch geschnittene Stecklinge sind extrem empfindlich! Vor allem die regulierte Luftzufuhr und der Wasserhaushalt sind hierbei von entscheidender Bedeutung. Lesen Sie zum Thema «richtiges Eingießen» Näheres auf Seite 132. Gerade in den kalten Monaten ist es wichtig, den frisch entwickelten Wurzeln genügend Wärme zukommen zu lassen. Dazu kann es sich auszahlen, eine Wärmematte unter das Stecklingshaus zu legen – diese Heizmatte sollte jedoch nicht direkt darunter gelegt werden, da zu große Hitze zum Verbrennen der Wurzeln und zu Austrocknung führen kann. Es hat sich bewährt, zwischen Heizmatte und Stecklingshaus eine dünne Dämmschicht zu legen. Achten Sie außerdem darauf, dass ein nicht brennbares Material unter die Matte gelegt wird.

Bewurzelungshilfen: Ich empfehle für den Bio-Anbau zwei verschiedene Arten der Bewurzelungshilfe: zum einen eine 1:1-Pulvermischung aus Mikroorganismen und Pilzkulturen, die zu einem lebendigen Boden führen, wodurch das Wurzelwachstum angeregt und die Aufnahme von Mineralien sowie die Enzymerzeugung gefördert wird. Dadurch werden die Pflanzen weniger anfällig für Schädlinge. Diese gibt es meines Wissens nach nicht extra als «biologisch» deklariert, was jedoch auch nicht nötig ist, da es schließlich (noch) keine künstlichen Pilzkulturen gibt. Diese Pulver sind im Allgemeinen sehr teuer, ich empfehle diese Investition jedoch trotzdem, da sich ihr Einsatz in einem verbesserten Ergebnis widerspiegelt.

Zum anderen rate ich zum Einsatz eines flüssigen Bewurzelungsmittels (häufig auch «Klon-Gel» genannt) für Stecklinge und – ins Gießwasser gemischt – zur Stärkung aller Pflanzen. Wegen des Hormonverbots in Deutschland sind heutzutage in erster Linie organische Bewurzelungshilfen erhältlich – was jedoch nicht mit «biologisch» gleichzusetzen ist. Nichtsdestotrotz sind auch noch heute Produkte mit künstlichen Hormonen im Handel erhältlich. Auf diese muss im Bio-Anbau unbedingt verzichtet werden! Die durch Medikamente und konventionelle Landwirtschaft steigende Hormonkonzentration im Wasser führt zunehmend zu einer Feminisierung der Insekten-, Lurch- und Vogelpopulation in besonders stark belasteten Gewässern. Durch die Nahrungskette wirkt sich dies auch immer stärker auf den Menschen aus.

Der Standort: Stecklinge schätzen es gar nicht, wenn ihre kleinen, feinen Wurzeln frieren müssen. Stellen Sie das Stecklingshaus daher IMMER auf eine isolierende Schicht, wie zum Beispiel Styropor, oder noch besser: auf eine Hanf-Dämmmatte. Während der kalten Jahreszeit empfiehlt es sich außerdem, eine Heizmatte (für Aquarien, günstig erhältlich in jedem Tierfachhandel) unter das Häuschen zu legen – geben Sie dann jedoch einerseits besonders auf den Wasserhaushalt in dem Gewächshäuschen acht, andererseits auf eine ausreichende Isolierung, um Brände zu vermeiden.

Das Licht: Auch Ihre Stecklinge benötigen jede Menge Licht! Sie können dazu eine kleine Lampe mit Leuchtstoffröhre und hauptsächlichem Blauanteil (lassen Sie sich vom Growshop-Mitarbeiter Ihres Vertrauens beraten) direkt über dem Häuschen installieren, oder Sie stellen das Ganze zwischen eine 400-W-Lampe mit lauter Jungpflanzen, die sich noch in der Wachstumsphase befinden. Aber Vorsicht: Die Stecklinge brauchen unbedingt genügend Licht! Stellen Sie das Gewächshaus daher so erhöht auf, dass es mindestens genauso hoch ist wie die umgebenden Pflanzen.

Schnitt für Schnitt

Natürlich gibt es auch in der Stecklingszucht verschiedene Herangehensweisen. Im Folgenden werden die Schritte jener Methode erläutert, die sich meiner Erfahrung nach für den Bio-Anbau am besten bewährt hat – vergleichen Sie gerne verschiedene Methoden aus anderer Literatur und wählen Sie selbst aus, wie Sie am liebsten arbeiten.

Vorbereitung des Stecklingshauses: Maßgeblich für den Erfolg Ihrer Stecklingszucht ist die Vorbereitung des Stecklingshauses – ein unverzichtbares Utensil (siehe Kapitel *Die eigene Stecklingszucht*, S. 79). Es zahlt sich aus, sich hierfür die nötige Zeit zu nehmen!

Legen Sie auf den Boden des sauberen Stecklingshauses eine ganz dünne Schicht Schafwolle, sobald die Stecklinge erste Wurzeln entwickelt haben. Diese dient als Dünger. Nun bedecken Sie das Ganze mit einer etwa zwei Zentimeter dicken Erdschicht – jetzt kann vorsichtig die Mischung aus Pilzsporen und Mikroorganismen gleichmäßig darübergestreut werden. Im Normalfall reicht pro Haus ein glattgestrichener Teelöffel – verwenden Sie weniger, brauchen die Mikroorganismen und Pilze länger, um sich im gesamten Boden zu verteilen, nehmen Sie zu viel, kann sich der Pilz sehr schnell an der Erdoberfläche zeigen. Stecken Sie nun die abgeschnittenen Klopapierrollen gleichmäßig in die Erde (siehe Abb. 11). Der Karton wird im Lauf der Zeit einfach zersetzt, bis dahin schützt er jedoch die Wurzeln beim späteren Umsetzen. Nun füllen Sie den Boden des Stecklingshauses soweit mit Erde auf, dass Sie gerade noch die Umrisse des Kartons erkennen können (siehe Abb. 12). Natürlich können Sie auch auf die Kartonringe verzichten – wenn die angewachsenen Stecklinge später umgesetzt werden, sollten Sie dann jedoch besondere Vorsicht walten lassen, um die feinen Wurzeln möglichst wenig zu schädigen.

Zu guter Letzt wird das Ganze mit (je nach Größe des Hauses) etwa einem Liter Wasser gegossen (siehe Abb. 13). Sie sollten soviel Wasser verwenden, dass die gesamte Erde gesättigt ist, sich jedoch kein Standwasser am Boden sammelt. Übung macht den Meister – auch, was das Einschätzen der benötigten Wassermenge betrifft. Schließen Sie das Stecklingshaus wieder und lassen es so mindestens eine Stunde stehen – in dieser Zeit können Sie entweder eine Pause machen, oder bereits die nächsten Schritte vorbereiten.

Das Schneiden der Stecklinge: Bereiten Sie so viele Gläser mit Wasser vor (gerne mit Bewurzelungshilfe versetzt), wie sie unterschiedliche Sorten vermehren möchten. Legen Sie sofort ein Etikett mit dem Sortennamen hinein, damit es später nicht zu Verwechslungen kommen kann. Ziehen Sie eine große Hanfpflanze nach der anderen heran, von der Sie Stecklinge haben wollen, und schneiden Sie diese mit einem Skalpell so zurecht, wie Sie sie zum Umstellen in die Blühphase haben möchten (siehe Kapitel *In Form bringen*, S. 99). Stellen Sie die abgeschnittenen Zweige sofort ins Wasser (Abb. 14) – in jedem Augenblick, in dem die Schnittstelle Luftkontakt hat, schließen sich mehr Fasern, der Steckling kann keine Flüssigkeit mehr zu sich nehmen und vertrocknet im vollen Wasserglas.

Abb. 11: Halb befülltes Stecklingshaus mit zerschnittenen Klopapierrollen; **Abb. 12:** Es sind nur noch die Ränder der Kartonringe sichtbar; **Abb. 13:** Das Stecklingshaus wird eingegossen

Auf die Schnittstelle an der großen Hanfpflanze tropfen Sie jeweils etwas Spucke (Abb. 15): Die natürlich enthaltenen Enzyme helfen der Pflanze beim raschen Verschließen der Poren und verhindern so das Eindringen von Pilzsporen. Es macht den Stecklingen gar nichts, wenn sie etwas länger im Glas stehen, bis sie gesteckt werden, solange ihre Enden auch tatsächlich im Wasser sind und nicht an der Luft dem Austrocknen überlassen werden.

Ableger stecken: Haben Sie alle Pflanzen geschnitten, kann die Auswahl und das Zuschneiden der Stecklinge beginnen. Überlegen Sie sich im Voraus, wie viele Stecklinge Sie am Ende heranziehen wollen, da Sie wahrscheinlich mehr Pflanzenmaterial abgeschnitten haben, als Sie dann tatsächlich Stecklinge brauchen. Kalkulieren Sie jedoch zweierlei ein: Erstens, dass nicht immer alle Stecklinge überleben und zweitens, dass nicht jeder Steckling gleich gut wächst. Es ist also von Vorteil, am Ende mehr angewachsene Stecklinge zu haben, als Sie einsetzen möchten, um sich so die schönsten und kräftigsten aussuchen zu können. Möchte ich pro Lampe am Ende vier gesunde Pflanzen, so stecke ich meistens sechs bis sieben Klone – auch abhängig davon, in welcher Mondphase ich Stecklinge nehme. Habe ich den richtigen Zeitpunkt übersehen und muss an einem ungünstigen Tag Stecklinge nehmen, kalkuliere ich einen größeren Ausfall ein. Nun beginnt das Zurechtschneiden der Stecklinge – dabei ist Tempo angebracht, da jeder Moment, an dem

Abb. 14: Potentielle Stecklinge im Glas;
Abb. 15 : Spucke auf der Schnittstelle hilft der Pflanze, sich zu erholen.

die Stecklinge an der Luft sind, sich negativ auf ihre Entwicklung auswirken kann.

Nehmen Sie nun einen der abgeschnittenen Triebe – beginnen Sie dabei mit den kräftigsten und gesündesten, falls vorhanden, also mit dem Tops (Abb. 16). Entfernen Sie nun zunächst alle Blätter, bis auf die obersten zwei bis drei kleinen Triebblätter (Abb. 17). Klemmen Sie die Spitze zwischen Zeige-, Mittelfinger und Daumen, sodass nur die Blattspitzen hervorstehen und schneiden Sie diese ab (Abb. 18). Dies sieht vielleicht brachial aus, Sie tun damit dem Steckling jedoch einen großen Gefallen, da er so nur wenig Energie in den Erhalt der Blätter stecken muss und mehr für das Ausbilden von Wurzeln übrig hat. Kürzen Sie zum Abschluss den Trieb auf etwa 10 bis 12 Zentimeter (Abb. 19), wobei es von Vorteil ist, den Schnitt schräg zu setzen, um der Pflanze mehr offene Zellen zu bieten, durch die sie Flüssigkeit aufnehmen kann (Ergebnis siehe Abb. 20 und Abb. 21). Tauchen Sie nun das geschnittene Ende in die Bewurzelungshilfe, wodurch das Wurzelwachstum angeregt wird (Abb. 22).

Nun können Sie den abgeschnittenen Trieb in die Erde des vorgefertigten Stecklingshauses stecken, am besten zusammen mit einem Schild, um die Sorten nicht zu verwechseln – fertig ist der erste Klon (Abb. 23)! Wiederholen Sie diese Schritte (Abb. 24) so lange, bis das Stecklingshaus gefüllt ist, stecken Sie die Klone jedoch nicht zu

Abb. 16: Nur die schönsten Triebe werden zu Stecklingen; **Abb. 17:** Entfernen Sie alle Seitentriebe … ; **Abb. 18:** …und knipsen Sie die Spitzen der Triebblätter ab; **Abb. 19:** Kürzen Sie den Trieb mittels eines schrägen Schnitts.

dicht, schließlich sollen sie auch dann noch genügend Licht bekommen, wenn sie etwas gewachsen sind und wieder Blätter entwickelt haben (Abb. 25).

Ist das Gewächshäuschen voll, legen Sie den Deckel darauf, verschließen die Lüftungsschlitze und stellen es auf einen geeigneten Platz unter eine Lampe (Abb. 26 und 27).

Die Anwachsperiode: Nachdem Sie die Erde noch vor dem Einsetzen der Stecklinge so gründlich gegossen haben, dass sie vollkommen gesättigt ist, sich am Boden des Stecklingshauses jedoch kein Wasser gesammelt hat, dürfen Sie den Deckel mindestens eine Woche nicht mehr öffnen! Eine Ausnahme gibt es allerdings auch hier: Kippt ein Steckling aufgrund von Fäulnis um, so entfernen Sie ihn so schnell wie möglich, um eine Ansteckung der anderen Stecklinge zu verhindern. In dieser ersten Woche muss auch die Frischluftzufuhr unterbunden sein, sodass sich innerhalb des Miniatur-Gewächshauses ein eigenes Mikroklima bilden kann. Erst in der zweiten Woche können Sie damit beginnen, die Luftklappen von Mal zu Mal etwas mehr zu öffnen. Ist es noch zu früh, zeigen Ihnen das die jungen Pflanzen innerhalb von wenigen Minuten, indem viele von ihnen die Köpfe hängen lassen oder vollkommen in sich zusammenfallen. Sollte dies einmal der Fall sein, schließen Sie die Klappen einfach wieder und warten einige Zeit – in vielen Fällen erholen sich

Abb. 20: Schräge Schnitte vereinfachen es dem Steckling, Flüssigkeit aufzunehmen; **Abb. 21:** So sieht ein fertig zurecht geschnittener Steckling aus; **Abb. 22:** Tauchen Sie das Ende in die Bewurzelungshilfe; **Abb. 23:** Der erste Steckling ist fertig; **Abb. 24:** Die erste Sorte ist fertig gesteckt.

die gekippten Stecklinge wieder. Sobald die Frischluft-Klappen des Häuschens geöffnet sind, wird zusammen mit der warmen Luft auch die darin enthaltene Feuchtigkeit verloren gehen. Achten Sie also zukünftig darauf, dass die Pflanzen genügend Wasser haben. Dies geschieht am besten durch Anheben des Häuschens, also durch die Gewichtsprobe. In der zweiten Woche können Sie außerdem damit beginnen, die Stecklinge leicht zu düngen – beachten Sie dafür den Düngeplan. Die Blätter der Stecklinge werden nun wieder gut anfangen zu wachsen und sich voll entfalten, bevor das Höhenwachstum in der dritten Woche einsetzt.

Es ist ganz normal, dass nicht alle Stecklinge anwachsen werden. Manche werden zunächst den Kopf hängen lassen, kurz darauf wird man am in der Erde steckenden Stengel erste Fäulnisspuren erkennen. Entfernen Sie diese kaputten Stecklinge regelmäßig, um einen Fäulnisbefall der anderen Stecklinge zu verhindern. Erschrecken Sie nicht, wenn sich an der Erdoberfläche ein flächendeckender weißer Film bildet! Dies passiert, wenn Sie der Erde etwas zuviel Pilzsporen beigefügt haben und wirkt sich im Allgemeinen nicht schädigend auf die Pflanzen aus – es irritiert höchstens den motivierten Grower.

In der dritten und vierten Woche wird das kleine Gewächshaus vor Blättern nur so strotzen (Abb: 28). Einzelne, schnell wachsende Klone werden vielleicht sogar schon an dem Deckel anstoßen. Sie können

Abb. 25: In diesem fertig befüllten Stecklingshaus hat jeder Schössling sehr viel Platz – ein etwas dichterer Besatz wäre möglich; **Abb. 26:** Das fertige Stecklingshaus mit geschlossenen Lüftungsschlitzen; **Abb. 27:** Die beschrifteten Stecklinge in Reih und Glied.

Abb. 28: Die Stecklinge haben jede Menge Blätter entwickelt.

nun die sogenannte Freiluftprobe durchführen: Entfernen Sie den Deckel des Stecklingshauses und geben Sie den Pflanzen einige Minuten Zeit. Haben die Pflanzen noch nicht ausreichend Wurzeln entwickelt, werden sie schnell in sich zusammenfallen – in diesem Fall setzen Sie einfach den Deckel wieder auf und versuchen es einige Tage später noch einmal. Stehen die Pflanzen nach einer halben Stunde jedoch immer noch aufrecht, so haben Sie ein Häuschen voller gesunder, bewurzelter Stecklinge – Gratulation! In diesem Zustand können Sie das geöffnete Gewächshaus ruhig noch einige Tage oder sogar Wochen stehen lassen, je nachdem, wie das Umtopfen in Ihren Zeitplan passt bzw. so lange, bis wieder der richtige Zeitpunkt für diesen Arbeitsschritt gekommen ist – die Jungpflanzen werden einfach im Gewächshaus weiter wachsen und ihr Wurzelwerk weiter vergrößern. Beachten Sie jedoch, dass das Umtopfen ohne ein starkes Verletzen der Wurzeln immer schwieriger wird, je länger Sie die Pflanzen so stehen lassen.

Das Umtopfen: Ist der richtige Zeitpunkt gekommen, kann das Umtopfen beginnen. Ich empfehle, die Jungpflanzen nicht sofort in den großen Endtopf zu setzen, sondern sie zunächst in kleinere Töpfe zu verpflanzen, in denen sie dann wenigstens noch ein oder zwei Wochen Zeit haben, sich zu entwickeln. Ein kleiner Topf hat mehrere Vorteile: Die Wurzeln wachsen dichter, die Stecklinge brauchen weniger Platz und man benötigt eine geringere Wasser- und Düngermenge. Andererseits sind kleine Töpfe anfälliger dafür auszutrocknen – haben Sie also weiterhin ein wachsames Auge auf ihre Sprösslinge!

Das genaue Vorgehen beim Umtopfen finden Sie im Kapitel *Stecklinge eintopfen*, ab S. 92.

Stecklingserzeugung in 7 Schritten:

1. Vorbereitung des Stecklingshauses.
2. Beschneiden der großen Hanfpflanzen.
3. Zurechtschneiden, Düngen und Stecken der Ableger.
4. Eine Woche warten, ohne zu gießen oder die Abdeckung zu öffnen.
5. In der zweiten Woche langsam mit Luftzufuhr und Gießen beginnen.
6. Regelmäßig verfaulte Stecklinge entfernen.
7. In der dritten Woche Freiluftprobe mit anschließendem Umtopfen.

Zum richtigen Zeitpunkt Stecklinge produzieren

Werden Stecklinge an den «richtigen» Tagen geschnitten, so bilden signifikant mehr von ihnen Wurzeln als an ungünstigen Tagen – man kann also die Erfolgsrate der eigenen Stecklingszucht durch die Wahl der Mond-Tage beeinflussen. Vor allem an bestimmten Wassertagen kommt es häufiger zu Schimmelerscheinungen, wohingegen das Schneiden, beispielsweise an Schütze, den Mutterpflanzen nicht zuträglich ist. Immer sollte jedoch darauf geachtet werden, erst am Nachmittag mit dem Schneiden der Stecklinge zu beginnen, da die Pflanzen zu dieser Tageszeit mehr Pflanzensäfte in ihre Wurzeln als in die Blätter leiten und die Mutterpflanzen dadurch das Beschneiden besser vertragen.

Nachmittags (nach 15 Uhr) und abends besser als in der Früh

+++ immer in Jungfrau oder bei zunehmendem Mond in Waage
\+ im zunehmenden Mond, außer in Wassermann, Fisch und Schütze
\- zunehmender Mond in Wassermann, Fisch und Schütze, Vollmond, immer im abnehmenden Mond

Der Kauf von Pflanzen

Jeder weiß heute: Wenn ein europäischer Bauer seine Produkte mit dem Siegel «aus biologischer Landwirtschaft» auszeichnen möchte, muss er unter anderem nachweisen können, dass auch seine angebauten Pflanzen bereits aus biologischer Produktion stammen.

Für den Marihuana-Anbau ist dies aufgrund der Illegalität des Produkts (geschweige denn des Gewerbes) nicht möglich, da es schlicht und einfach keine Bio-Stecklinge im Growshop zu erwerben gibt.

Vor allem Menschen, die nur im kleinen Rahmen anbauen und daher auf eine eigene Stecklingszucht verzichten wollen, werden also nicht umhin kommen, konventionelle Stecklinge zu kaufen. Diese haben mehrere Nachteile: Wie bei allen Pflanzen, die von draußen in eine Plantage gebracht werden, bringen sie die Gefahr der Schädlingsübertragung mit sich. Stecklinge gibt es außerdem beinahe ausschließlich in Steinwollwürfeln zu kaufen, diese müssen nach der Ernte aus dem Wurzelballen geschnitten werden, bevor der Rest der Erde auf dem Kompost oder im Garten landet. Und natürlich können Sie nie wissen, womit die Stecklinge bisher behandelt wurden (Pestizide, starke chemische Düngemittel und so weiter).

Wenn Sie also konventionelle Marihuanapflanzen in einem Growshop erwerben, sollten Sie auf mehrere Dinge achten:

- Die Wurzeln müssen bereits deutlich aus dem Steinwollwürfel herausstehen. Sieht man nicht einmal kleine Wurzeln: **Finger weg!**
- Schädlingskontrolle: Es sollte in einem Growshop zwar nicht vorkommen, aber wenn Sie bereits auf den Stecklingen Schädlinge oder Anzeichen von Schädlingsbefall auf den Blättern sehen (Fraßschäden, kleine helle Punkte ...): **Finger weg!**
- Bevorzugen Sie kleine Stecklinge, denn ihre weitere Entwicklung haben Sie dann noch selbst in der Hand.

Das Umtopfen

Die passende Topfgröße und das richtige Umtopfen sind für die Entwicklung und den Wuchs einer jeden Cannabis-Pflanze essentiell. Viele unterschätzen die Wichtigkeit dieses Arbeitsschrittes bzw. die Fülle an Fehlern, die dabei begangen werden können.

Zunächst zum Grundsätzlichen: Wir wollen Hanfpflanzen mit vielen Wurzeln, denn je mehr Wurzeln, desto mehr können sie vom Gießwasser und von den verabreichten, teuren Düngemitteln aufnehmen. Außerdem wirkt ein kräftiger Wurzelballen stabilisierend: Die ausgewachsenen Pflanzen kippen also weniger leicht um. Einer der größten Vorteile an einem großen Wurzelballen ist die Wasserspeicherkapazität, die dieser mit sich bringt. Eine Pflanze mit vielen Wurzeln leidet weniger schnell unter Hitze und Dürre, die Erde trocknet weniger leicht aus, die Pflanzen sind vitaler. Selbstverständlich sind alle Töpfe vor ihrer (Wieder-)Verwendung im Sinne der Schädlingsprophylaxe und -Bekämpfung gründlich zu waschen (siehe *Schädlingsprophylaxe und –Bekämpfung,* Seite 119).

Bevor Sie mit dem Umtopfen Ihrer Hanfpflanzen beginnen, muss unbedingt darauf geachtet werden, dass die verwendete Erde Zimmertemperatur hat. Dies klingt trivial, wird Erde jedoch draußen oder in unbeheizten Räumen gelagert und nicht zumindest einige Stunden vor ihrer Verwendung zum Aufwärmen ins Warme gelegt, leiden die Pflanzen erheblich. Wurzeln reagieren sehr empfindlich, nicht nur auf Trockenheit oder Licht, sondern auch auf zu niedrige und zu hohe Temperaturen. Setzen Sie eine Pflanze in kalte Erde, so bekommt diese einen durchaus sichtbaren Schock: Wundern Sie sich nicht, wenn sie ihre neuen Blätter einrollen wird, das Wachstum für einige Tage vollkommen aussetzt oder sie ungewöhnliche, verbogene Triebe entwickelt. Einfache Lösung: Erde in der Plantage lagern oder sie zumindest einige Stunden vor ihrer Verwendung ins Warme bringen!

Stecklinge eintopfen

Nach drei bis vier Wochen im Stecklingshaus wird es Zeit, dass jede Jungpflanze ihren eigenen Topf erhält, sodass ihre Wurzeln mehr Raum und Zugang zu in der Erde enthaltenem Dünger bekommen. Es ist zu empfehlen, jeden Steckling zunächst in einen kleinen Topf zu setzen, damit sich ein dichterer Wurzelballen bildet. In einem großen Topf würden sich die Wurzeln in alle Richtungen verteilen, jedoch nicht besonders dicht wachsen, wodurch die Pflanze anfälliger für Trockenheit würde.

Bereiten Sie zunächst die kleinen Töpfe vor (Abb. 29), sodass Sie die Jungpflanzen einsetzen können, wenn Sie mit der Aufteilung des Stecklingshauses begonnen haben. Dies ist wichtig, um die feinen Wurzeln nur eine möglichst kurze Zeit dem UV-Licht und der Luft auszusetzen, da sie in diesem Stadium noch recht empfindlich auf Licht, Trockenheit und Temperaturschwankungen reagieren. Geben Sie – falls Sie Zugang dazu haben – in jeden kleinen Topf eine Schicht Schafwolle, bevor Sie Erde hinein füllen. Je nachdem, wie groß die Pflanzen im Stecklingshaus bereits sind, graben Sie eine dementsprechend große Mulde in die Erde und streuen etwas von dem Gemisch aus Pilzkulturen und Mikroorganismen hinein. Dies wird das Wurzelwachstum extrem fördern und ein gutes Milieu für die Entwicklung von Bodenlebewesen schaffen (Abb. 30).

Wenn Sie ausreichend angewachsene Stecklinge zur Verfügung haben, wählen Sie so viele zur Einpflanzung aus, wie Sie für die Bestückung Ihrer Lampen brauchen. Wählen Sie dabei die größten und stärksten

Abb. 29: Richten Sie Töpfe, Erde, Schafwolle und das Pulver mit Mikroorganismen und Pilzkulturen her, bevor Sie mit dem Umpflanzen beginnen; **Abb. 30:** Vorbereiteter Topf mit Mikroorganismen und Pilzsporen zur Bewurzelungshilfe.

Abb. 31: Gravierende Unterschiede bei Stecklingen – wählen Sie die Stärksten aus! **Abb. 32:** Vorsichtiges Lösen der Stecklinge aus dem Aufzuchtshaus; **Abb. 33:** Starke Wurzeln eines Stecklings.

aus, denn aus gesunden Stecklingen werden erfahrungsgemäß auch die ertragreichsten Blühpflanzen. Kleine, verkümmerte Pflanzen holen ihren Rückstand nur sehr selten wieder auf und werden, stehen sie erst einmal unter der Blühlampe, schnell von ihren stärkeren Genossen überwuchert werden, sodass sie kaum Licht erhalten und am Ende nur wenige, verkümmerte Blüten tragen (Abb. 31). Teilen Sie nun die Stecklinge vorsichtig auseinander, nehmen Sie dazu eventuell Hilfsmittel, wie zum Beispiel ein Stäbchen (Abb. 32). Achten Sie darauf, dass Sie den einzusetzenden Pflanzen möglichst viel entwickelte Wurzelmasse mitgeben. Natürlich reißt dabei die ein oder andere Wurzel ab, je mehr Wurzeln unbeschädigt bleiben, desto besser können Jungpflanzen solche Schäden verkraften. Abb. 33 und 34 zeigen einen kräftigen Steckling, mit ausgeprägtem Blätterwachstum und sehr starken Wurzeln – so aussehende Stecklinge werden mit großer Wahrscheinlichkeit einmal zu vitalen und blütenreichen Pflanzen heranwachsen.

Geben Sie nun die ausgewählte Jungpflanze in einen Topf, wobei Sie diese so tief wie möglich einsetzen sollten. Der anschließend mit Erde bedeckte Stengel wird schnell ebenfalls Wurzeln ausbilden, wodurch das Wurzelvolumen – und damit die mögliche Flüssigkeitsaufnahme – sowie die Standfestigkeit der gesamten Pflanze erhöht wird (Abb. 35). Füllen Sie nun den Topf mit Erde auf und drücken Sie diese fest. Geben Sie, wenn nötig, noch etwas Erde hinzu und wiederholen den Vorgang. Der Topf sollte bis etwa einen Zentimeter unterhalb des Randes befüllt

Abb. 34: Ein kräftiger Steckling mit kräftigen Wurzeln; **Abb. 35:** Ein Steckling bekommt seinen ersten Topf; **Abb. 36:** Haben die Jungpflanzen reichlich Platz, entwickeln sie sich buschig, anstatt nur in die Höhe zu schießen.

sein, damit sich später beim Gießen das Wasser gut halten und langsam in die Erde eindringen kann, ohne über den Rand zu laufen und dabei Erde mit auszuschwemmen. Gießen Sie nun den Topf vorsichtig an, und stellen Sie die Jungpflanzen so unter die Grow-Lampe, dass sie an allen Seiten viel Platz haben, etwa so wie in Abb. 26 erkennbar. Auf diese Weise wird das Breitenwachstum gefördert und man verhindert, dass die Pflänzchen schmal in die Höhe schießen. Nun sind Sie fertig. In diesen Töpfen können die Jungpflanzen heranwachsen, bis sie etwa ein bis zwei Wochen vor dem Umstellen in die Blühphase in größere Töpfe umgepflanzt werden.

Der letzte Topf bis zur Ernte

Das Umtopfen der Pflanzen von den Vorzucht-Töpfen in die großen Blüh-Töpfe sollte, je nach Größe des umzusetzenden Stecklings, ein bis zwei Wochen vor dem Umstellen vom Grow- in den Blühbereich erfolgen. So haben die Pflanzen etwas Zeit, mehr Wurzeln auszubilden und richtig anzuwachsen, bevor sie aufgrund des veränderten Farbspektrums ihre Energie in die Blütenbildung stecken. Außerdem ist es vorteilhaft, solche Arbeiten so spät am Tag wie möglich zu erledigen, da Pflanzen mit Sonnenaufgang beginnen, Säfte und Nährstoffe von den Wurzeln zum Wachstum in die Blätter zu transportieren. Man sollte eine Pflanze also dann umsetzen, wenn die Pflanzensäfte sich

Abb. 37: Eine dicke Schafwollschicht am Boden dient als natürlicher Langzeitdünger; **Abb. 38:** Das dichte Wurzelwachstum ist nicht zu übersehen; **Abb. 39:** Die Schafswolle ist kaum noch erkennbar; **Abb. 40:** Der Wurzelballen wurde aufgebrochen, um die Wurzeln zum Wachstum zu animieren.

wieder in die Wurzeln zurückziehen, was im Allgemeinen nach 15 Uhr der Fall ist. Eine solche Vorgangsweise ist ein perfektes Beispiel für das Arbeiten mit Naturrhythmen.

Der erste wichtige Schritt des Umtopfens beginnt mit dem gründlichen Auswaschen der Töpfe, wenn dies nicht direkt nach der Ernte geschehen ist (siehe *Schädlingsprophylaxe und -Bekämpfung* S. 119). Wahlweise kann eine lockere, trockene Schafwollschicht (siehe Kapitel *Natürlicher Langzeitdünger*, S. 114) bis zu zehn Zentimeter dick auf den Boden gelegt werden, bevor der Rest des Topfes mit Erde befüllt wird (Abb. 37). Lassen Sie in der Mitte des Topfes eine Mulde, in die später die Jungpflanze hineingesetzt wird. Gießen Sie die Erde zunächst etwas an, bevor Sie weiterarbeiten. Wahlweise können Sie nun bereits den nächsten Topf vorbereiten, damit die Erde etwas Zeit hat, das Wasser aufzunehmen. Streuen Sie dann etwa eine Messerspitze der Pilzsporen in das Erdloch, bevor Sie die Jungpflanze von ihrem derzeitigen kleinen Topf befreien. Der nun freiliegende Ballen sollte sichtbar von vielen Wurzeln durchzogen sein, wie in Abb. 38 zu sehen. Haben Sie auch in den Ziehtöpfen Schafwolle eingesetzt, sollte zu erkennen sein, dass diese von extrem vielen Wurzeln durchzogen ist. Je nachdem, wie lange die Pflanze in dem kleinen Topf gestanden hat, ist eventuell sogar nur noch sehr wenig von dem biologischen Langzeitdünger zu erkennen (Abb. 39). Lassen Sie Wurzelballen jedoch nie zu lange offen liegen, da Wurzeln lichtempfindlich sind und leicht

Abb. 41: Der erste Ast ragt gerade über den Topfrand hinweg, die Erde rund um den Ballen wurde festgedrückt; **Abb. 42:** Drücken Sie die Erde fest, der Topfrand soll einige Zentimeter überstehen; **Abb. 43:** Der Sand schützt vor Austrocknung und Schädlingen in der Erde.

austrocknen, wenn sie sich nicht in ihrer natürlichen, feuchtwarmen, dunklen Umgebung befinden.

Im Normalfall sagt man, dass Wurzeln nicht verletzt werden sollten, dies gilt in diesem Zustand nicht mehr – ganz im Gegenteil: Wenn Sie den Wurzelballen leicht aufbrechen, so wie in Abb. 40 zu sehen, werden die Wurzeln dazu angeregt, sich auch in die neue Umgebung zu verflechten, ansonsten kann es vorkommen, dass die Wurzeln noch lange in der zuvor vorgegeben Form des kleinen Topfes verharren. Bringen Sie nun die Cannabispflanze in das bereits vorbereitete Erdloch, am besten so tief, dass die ersten Blätter knapp über den Topfrand schauen (Abb. 41). Auf diese Weise wird sich nach dem Umtopfen mehr vom Stengel unter der Erde befinden als zuvor – das ist so jedoch ausdrücklich gewünscht! Der von Erde umgebene Stengel wird nach kurzer Zeit ebenfalls Wurzeln ausbilden, wodurch einerseits das Wurzelvolumen (und auf diese Weise auch die Flüssigkeitsaufnahmefähigkeit) vergrößert und andererseits die Standfähigkeit der gesamten Pflanze erhöht wird. Dadurch werden ihre Äste in einigen Wochen, wenn die Pflanze große, schwere Buds ausgebildet hat, weniger Probleme haben, diese zu halten, ohne abzubrechen.

Drücken Sie die Erde rund um den Wurzelballen nun mit der Faust fest, bevor Sie den Rest des Topfes mit Erde auffüllen und diese mit der flachen Hand ebenfalls festdrücken (Abb. 42). Wenn Sie fertig sind, sollte der

Topf bis etwa drei Zentimeter unter den Rand mit festgedrückter Erde befüllt sein. Stellen Sie den Topf nun an den Platz, an dem er die nächsten Tage oder Wochen verbringen wird, bevor Sie ihn abermals gießen. Zum Schluss füllen Sie noch eine etwa 1 – 1,5 cm dicke Sandschicht auf die Erde, so wie in Abb. 43 zu sehen. Sie wird das Anbaumedium vor der Einnistung von Trauermücken (also Schädlingen) sowie vor dem zu schnellen Austrocknen schützen. Fertig ist die Arbeit! Diesen Topf wird die Marihuanapflanze erst wieder verlassen, wenn sie abgeerntet wird – es ist also der letzte Topf ihres Lebens, der das blütenreiche Wachstum Ihrer Pflanze stark beeinflussen wird.

Umtopfen in 7 Schritten:

1. Den Boden des gereinigten Topfes mit Schafwolle bedecken.
2. Topf bis ca. 3 cm unten dessen Rand mit Erde füllen.
3. Erde etwas angießen.
4. Ein Loch für die einzusetzende Pflanze bilden und mit Mikroorganismen versetzten.
5. Jungpflanze vorsichtig aus dem kleinen Topf nehmen und Wurzelballen leicht aufbrechen.
6. Pflanze einsetzen, Erde rund herum etwas fester zusammendrücken, den Rest des Topfes wiederum bis zu 3 cm unter den Rand mit Erde nachfüllen, wieder festdrücken, gießen.
7. Die Erdoberfläche mit ca. 1,5 cm Sand bedecken.

Zum richtigen Zeitpunkt umtopfen

Das Umtopfen im zunehmenden Mond unterstützt die Pflanzen bei der Wurzelentwicklung, wobei Jungfrau auch im abnehmenden Mond ein idealer Zeitpunkt ist, da dieses Mondzeichen allen Pflanzen zuträglich ist.

Nachmittags (nach 15 Uhr) und abends besser als in der Früh
+++ immer in Jungfrau oder bei zunehmendem Mond in Waage
\+ im zunehmenden Mond, außer in Wassermann, Fisch und Schütze
\- zunehmender Mond in Wassermann, Fisch und Schütze, Vollmond, immer im abnehmenden Mond

Abb. 44: Das Entfernen des Tops in einem frühen Stadium hat dazu geführt, dass die Cannabispflanze 4 gleichwertige Äste entwickelt hat, deren Tops volles Licht bekommen.

In Form bringen

Es gib viele sinnvolle Gründe, Marihuanapflanzen zu beschneiden – und zwar sowohl in der vegetativen als auch in der Blühphase. Dabei muss man jedoch zwischen verschiedenen Arten des Beschneidens und den jeweiligen Gründen unterscheiden.

In der vegetativen Phase beschneide ich den Haupttrieb der Pflanzen, damit sie einige Hauptäste bilden, die jeweils volles Licht bekommen und mehrere schöne Tops bilden werden (Abb. 44). Außerdem bringe ich sie in eine eher buschige Form, anstatt sie schnell in die Höhe wachsen zu lassen. Doch auch aus einem zweiten Grund kann während dieser Phase beschnitten werden, nämlich dann, wenn ich all jene Pflanzen auf eine Höhe bringen möchte, die in der kommenden Woche gemeinsam unter eine Lampe gestellt werden sollen. In diesem Fall sehe ich mir meine Pflanzen jedoch ganz genau an und schneide nur dann, wenn dadurch andere Buds mehr Licht erhalten. Ist dem nicht so, entscheide ich mich meistens für eine andere Methode, nämlich für die Rubbel-Technik. Hierbei wird der Pflanze nichts weggenommen, sondern der fragliche Ast wird quasi geknickt, sodass zwar die Gesamthöhe der Pflanze verringert wird, sie die Spitze jedoch behält. Sie wird bald die Knickstelle verstärkt haben, die Triebspitze wird sich wieder aufstellen und ein ganz normales Bud ausbilden. Diese Technik kann auch dann noch angewandt werden, wenn sich die Pflanze bereits in der Blühphase befindet, jedoch durch ihr starkes Wachstum zu hoch wird. Eine genaue Anleitung finden Sie im Kapitel *Die Rubbel-Technik* (ab S. 102).

Doch auch während der Blühphase schneide ich meine Pflanzen zurück – und zwar im Allgemeinen relativ kräftig! Dabei konzentriere ich mich dann jedoch nicht mehr auf die Spitze(n) der Pflanze, sondern auf den Unterwuchs. Ich entferne so viele kleine Ästchen wie möglich bzw. wie nötig – nur Äste, deren Spitzen ans Licht gelangen (also nicht beschattet werden), dürfen bleiben. Dadurch züchte ich meine Pflanzen gewissermaßen zu Hochstammpflanzen heran. Auch Triebe, die im Inneren der Pflanze Äste austreiben, werden dabei entfernt. Dies hat die Vorteile, dass die Cannabispflanzen die vorhandene

Abb. 45 & 46: Zum Beschneiden der Cannabispflanzen sollte ein Skalpell verwendet werden.

Energie in jene Blüten investieren, die ausreichend Licht bekommen, um sich zu schönen Buds zu entwickeln. Zudem wird das Gießen vereinfacht und die Durchlüftung ist besser, wodurch Schädlinge weniger Chancen haben, sich auszubreiten.

Für das richtige, möglichst pflanzenschonende Beschneiden verwende ich ausschließlich Skalpelle, die in jedem Growshop erhältlich sind oder ich kaufe sie in der Apotheke, denn dort sind auch Skalpelle mit auswechselbaren Klingen erhältlich, wodurch weniger Müll erzeugt wird (Abb. 45 & 46). Ich wechsle die Skalpellklingen regelmäßig, da nur scharfe Klingen zu glatten Schnitten führen, was wiederum die Pflanze weniger belastet und vor allem Pilzen weniger Chancen bietet, in die Hanfpflanzen einzudringen. Ich schneide immer möglichst knapp am Stamm bzw. am betreffenden Ast entlang, um ein Nachtreiben zu verhindern. Gartenscheren verwende ich ausschließlich bei der Ernte und beim Blütenputzen. Während des Beschneidens meiner Pflanzen setze ich ein Mittel ein, dass meiner Erfahrung nach besonders empfehlenswert und zugleich kostenlos ist, wenngleich es ansonsten eher selten Verwendung findet, nämlich menschliche Spucke! Darin befinden sich zahlreiche Enzyme, die auf die Schnittstellen aufgetragen werden und der Pflanze bei der Wundversorgung helfen. Die Wunde kann schneller geschlossen werden, und außerdem wird das Eindringen von Pilzsporen verhindert. Dieser Trick kann auch dann angewandt werden, wenn beim Schneiden der Länge nach dem Stamm versehentlich Pflanzenfasern abgezogen wurden. Diese kann man auf diese Weise sozusagen wieder «ankleben».

TIPP:

Tropfen Sie ein wenig Spucke auf die Schnittstellen der großen Pflanzen, dies verhindert Pilzbefall.

Wie genau bei den verschiedenen Methoden vorgegangen wird, um eine Pflanze in Form zu bringen, erfahren Sie in den anschließenden Unterkapiteln.

Die Pflanze macht den Schnitt

Grundsätzlich unterscheide ich die Arten des Rückschnitts anhand ihres Sinns und Zwecks. Während der vegetativen Phase, also bevor die Pflanzen in die Blüte geschickt werden, schneidet man in erster Linie, um die Cannabispflanzen, die anschließend gemeinsam unter eine Lampe gestellt werden sollen, auf die gleiche **Höhe** zu **reduzieren**. Dies ist wichtig, da sonst jene Pflanzen, die schon größer und kräftiger sind, mehr Licht erhalten als ihre Genossinnen und sie bald überwuchern und ihnen das UV-Licht wegnehmen würden (Abb. 47 und 48). Wichtig beim radikalen Beschneiden von Pflanzen ist, dass man den Schnitt immer knapp über einer Astachse ansetzt, so wie in Abb. 49 zu sehen ist.

Dieselbe Art des Schnitts wird jedoch auch noch aus einem zweiten Grund getätigt. Das Entfernen des Haupttriebs, also jenes Astes, der sich zum hauptsächlichen Top entwickeln würde, bringt die Pflanze dazu, die vorhandenen **Nebenäste stärker** zu **entwickeln**, wodurch sie gleich vier oder fünf große Tops ausbilden wird. Dies dient nicht nur der Erntesteigerung, sondern soll vor allem die Pflanze dabei unterstützen, ihre dicken Blütenstände auch noch im fortgeschrittenen Stadium halten zu können, da sich diese auf mehrere Äste aufteilen und nicht nur einen einzigen Ast zu belasten. Ob Sie diese Art des Rückschnitts anwenden sollten, hängt stark von der Form der Pflanze ab. Ist diese eher breit entwickelt, hat also einige, bereits starke Nebenäste, so kann ich das Schneiden des Tops nur empfehlen. Standen die Jungpflanzen in der vegetativen Phase jedoch bisher so dicht, dass sie vor allem ein starkes Höhenwachstum, jedoch kaum eines in die

Abb. 47: Diese beiden Pflanzen sollen unter eine Lampe. Die Linke ist natürlich gewachsen, die Rechte wurde in einem früheren Wachstumsstadium bereits gestutzt; **Abb. 48:** Nach dem Rückschnitt der linken Pflanze, sind beide in etwa gleich hoch; **Abb. 49:** Der Schnitt wird immer direkt über einer Astachse angesetzt.

Breite entwickelt haben, würde ich das Haupttop bestehen lassen, wenn ein Rückschnitt nicht aufgrund des Höhenausgleichs nötig ist.

Doch auch während der Blühphase zahlt es sich noch aus, die Cannabispflanzen zurückzuschneiden, wenn auch auf eine andere Art und Weise und mit einem anderen Sinn und Zweck. Das Entasten dient der Reduktion jener Triebe, die aufgrund ihrer Unterentwicklung bzw. ihrer Lage niemals genug Licht haben werden, um schöne, ertragreiche Tops zu bilden. Lässt man die Äste an der Pflanze, so entwickeln sich zwar auch dort kleine Blüten, sie kosten die Pflanze jedoch einiges an Energie und werden den ambitionierten Grower bei der Ernte nur ärgern, da sie viel Arbeit bereiten, jedoch sehr wenig Ertrag bringen. Entfernt man diese Äste, so gewährt man der Pflanze mehr Energie, die sie in die Ausbildung der Hauptblüten stecken kann. Vor allem kann der Grower ohne diesen Unterwuchs auch leichter die dahinterstehenden Pflanzen gießen. Gleichzeitig wird durch diese Maßnahme das Risiko des Schädlingsbefalls reduziert, da eine bessere Luftzirkulation stattfindet. Wie in Abb. 50 zu sehen, weist die Pflanze zu Beginn der Blühphase noch einen sehr dichten Unterwuchs auf, der in Abb. 51 bereits entfernt wurde, sodass diese Pflanze nun eher an eine Hochstammzucht erinnert.

Die Rubbel-Technik

Die Rubbel-Technik stellt beim Formen der Pflanzen vor der Umstellung in die Blühphase die bereits angesprochene Alternative zum Ab-

Abb. 50: Cannabispflanze vor Reduktion des Unterwuchses;
Abb. 51: Cannabispflanze nach dem Zurückschneiden des Unterwuchses.

schneiden der Blüten-Tops dar. Diese Methode kann jedoch auch noch während der ersten zwei Wochen während der Blühphase angewandt werden, sollte sich zeigen, dass eine oder mehrere Pflanzen wesentlich schneller wachsen als die anderen, oder wenn sie zu hoch für den Platz in der Plantage werden. Wichtig ist dabei, dass die Fasern noch relativ weich, also auf keinen Fall bereits verholzt sein dürfen. Bei der Rubbel-Methode wird das Wachstum der Pflanze durch Aufreiben der Zellfasern manipuliert. Der Stengel des zu langen Tops wird vorsichtig gerieben, bis die Zellen so weich sind, dass sich der Blütenstand nach unten biegt. Die Pflanze wird innerhalb weniger Tage die Verletzung repariert haben, das Top stellt sich bereits nach wenigen Stunden wieder auf, nun jedoch (bei richtiger Handhabung) auf Höhe der anderen Neben-Tops, sodass die Pflanze mehrere, gleichwertige Blüten ausbildet.

Diese Technik braucht eine vorsichtige Hand und etwas Übung. Trauen Sie sich, diese Methode auszuprobieren! Gelingt der Versuch, wird die Pflanze ein schönes Top mehr entwickeln; misslingt er jedoch, werden Sie dasselbe oder ähnliche Resultat haben, als hätten Sie es abgeschnitten: Es wird vertrocknen, die Nebenäste werden sich stärker entwickeln und seinen Platz bald eingenommen haben.

Schritt für Schritt rubbeln

Zunächst werden alle Pflanzen, die unter eine Lampe gestellt werden sollen, miteinander verglichen. Als Maß dient die kleinste Pflanze – die größeren Exemplare müssen an sie angepasst werden. In Abb. 52 ist ein Höhenunterschied von etwa 15 Zentimetern feststellbar, dieser soll ausgeglichen werden.

Der zu hoch gewachsene Trieb wird nun etwas unterhalb von der Höhe, auf die er gekürzt werden sollte, zwischen Zeigefinger und Daumen genommen. Üben Sie nun leichten Druck auf die Pflanzenfasern aus, während Sie beginnen, hin und her zu reiben, wie in Abb. 53 ersichtlich. Im Idealfall werden die Fasern weich, geben durch die Verletzung der Zellwände auch etwas Flüssigkeit ab und der Trieb knickt zur Seite, die Fasern werden jedoch nicht offen aufreißen (Abb. 54). Wird die Rubbel-Methode auch bei den anderen Pflanzen angewandt, so wie in Abb. 55 sichtbar, sieht dies anfangs vielleicht etwas brutal aus, die Pflanzen werden sich jedoch schnell wieder erholen. Damit ist die Arbeit für den Grower eigentlich auch schon beendet – den Rest erledigt die Pflanze!

In Abb. 56 wird nochmals der Unterschied deutlich: Bild A zeigt die deutliche Höhendifferenz der beiden Pflanzen. Bild B zeigt die rechte Pflanze direkt nach Anwendung der Rubbel-Methode und Bild C zeigt das Resultat nach einer Woche – die beiden Pflanzen haben nun annähernd dieselbe Höhe.

Die Nahaufnahme in Abb. 57 zeigt den Idealfall: Während der Anwendung der Rubbel-Methode wurden die Faserstränge nicht aufgerissen, sondern sind unbeschädigt. Die Pflanze konnte die Knickstelle einfach verstärken und der Trieb hat sich wieder aufgerichtet (Abb. 58). Er ist nun auf der gleichen Höhe wie die anderen. In diesem Fall haben weder Pilze noch Schädlinge eine Chance, in die Pflanze einzudringen.

Nicht immer gelingt die Rubbel-Methode allerdings so perfekt. Manchmal reißen die Faserstränge auch leicht auf (Abb. 59). Je nach Stärke der Verletzung kann die Cannabispflanze den geknickten Trieb jedoch trotzdem erhalten und zu einem vollwertigen Top ausbilden, so wie in Abb. 60 zu sehen. In anderen Fällen, in denen das Rubbeln nicht gut funktioniert hat, kann die Pflanze den Trieb zwar ebenfalls erhalten und wird sogar eine ansehnliche Blüte ausbilden (Abb. 61). Vergleicht man den geknickten Trieb jedoch mit den anderen Ästen, wird ein großer Unterschied in der Entwicklung deutlich, so wie zum Beispiel in Abb. 62.

Im allerschlimmsten Fall werden die Pflanzenfasern durch das Rubbeln so aufgerissen, dass kein Flüssigkeitsdurchfluss mehr stattfinden kann, wodurch das geknickte Top vertrocknet und abstirbt.

Zum richtigen Zeitpunkt zurückschneiden

Das Zurückschneiden an den günstigen Tagen soll die beschnittenen Pflanzen bei der Wundheilung unterstützen und das kräftige Nachtrei-

Abb. 52: Höhenvergleich; **Abb. 53:** Zerdrücken Sie die Pflanzenfasern vorsichtig zwischen Ihren Fingern;
Abb. 54: Der Trieb knickt zur Seite.

Abb. 55: Eine «geknickte Lampe»;
Abb. 56: Die Rubbeltechnik im Zeitverlauf. **A:** Höhenunterschied vorher ca. 15 cm.

B: Direkt nach dem Rubbeln, Höhenunterschied ausgeglichen;
C: 7 Tage später, annähernd selbe Höhe, verbreitertes Wachstum der gerubbelten Pflanze.

Abb. 57: Die ideale Knickstelle in Nahaufnahme.

Abb. 58: Der Trieb hat sich aufgerichtet und entwickelt eine vollwertige Blüte.
Abb. 59: Knickstelle mit aufgerissenen Fasern.

Abb. 60: Der Trieb hat sich jedoch trotzdem vollwertig entwickelt. **Abb. 61:** Für sich alleine betrachtet macht das Top trotz aufgerissener Fasern einen guten Eindruck. **Abb. 62:** Erst im Vergleich mit den nicht, bzw. korrekt gerubbelten Nebenästen wird der Lichtmangel deutlich – das Top ist weit weniger groß und weit weniger gut entwickelt, wie die Tops im Hintergrund.

ben der verbliebenen Triebe fördern. Der abnehmende Mond ist weniger geeignet, da sich in diesen Wochen die Pflanzensäfte eher in die Wurzeln ziehen, wodurch die Schnittstellen leichter vertrocknen und die Triebe, die kräftig nachtreiben sollen, nicht unterstützt werden.

+++ im zunehmenden Mond in Widder, Löwe und Schütze
+ im zunehmenden Mond
- im abnehmenden Mond

Stellung beziehen!

Wenn Ihre Pflanzen groß genug sind, wird es Zeit, sie von der vegetativen Phase in die Blühphase umzustellen. In welchem Alter Ihrer Pflanzen Sie dies tun, hängt jedoch von Ihnen und den räumlichen Möglichkeiten ab. Ich stelle meistens um, wenn die Pflanzen etwa 40 cm hoch sind und sie bereits einmal zurückgeschnitten wurden. Natürlich können Sie Ihre Pflanzen auch erst dann umstellen, wenn sie etwas höher sind – denken Sie jedoch daran, dass die Pflanzen auch noch in der Blühphase ein starkes Höhenwachstum aufweisen. Wie stark dies ausgeprägt ist, ist sorten- und lichtabhängig.

Beim Umstellen der Pflanzen sollte auf einiges geachtet werden, um den Gewächsen einen guten Start in die Blüte zu gewähren. Idealerweise sollten alle unter einer Lampe stehenden Pflanzen von derselben Sorte sein. Bauen Sie auf sogenannte «Mischlampen», ist meistens eine Sorte dabei, die etwas schneller als die anderen wächst und ihnen irgendwann das Licht wegnehmen wird. Aus demselben Grund ist eine möglichst identische Höhe aller Pflanzen zu bevorzugen, wenn sie unter die Blühlampe gestellt werden. Unterscheiden sich die einzelnen Gewächse in ihrem bisherigen Höhenwachstum stark, so empfehle ich den Einsatz der Rubbel-Methode (siehe S. 102), mit deren Hilfe Sie Höhenunterschiede von bis zu 20 Zentimetern ausgleichen können, ohne ein Top zu verlieren. Ist der Höhenunterschied noch größer, sollte die Pflanze zurückgeschnitten werden (siehe S. 104).

Es kommt selten vor, dass alle unter eine Lampe zu stellenden Pflanzen tatsächlich exakt gleich groß sind. Bevor Sie von der Grow- in die Blühphase wechseln, sollten Sie die Pflanzen «richtig» aufstellen – unabhängig davon, ob Sie sie tatsächlich – also räumlich – umstellen oder ob Sie nur die Glühbirne in Ihrem Zelt wechseln. Die Lichtausbeute ist direkt unter der Lampe immer am stärksten – hier sollte also die niedrigste Pflanze aufgestellt werden, am Rand können Sie dann die höheren Kandidatinnen drapieren. Außerdem empfiehlt es sich, die größeren Pflanzen weiter hinten zu platzieren und die niedrigen nach vorn, um leichter arbeiten zu können. Lassen Sie zwischen den Pflanzen gleichmäßig viel Platz. Bedenken Sie allerdings auch, dass Ihre Pflanzen nicht nur ein Höhen-, sondern auch ein Breitenwachstum aufweisen werden – lassen Sie also auch zur Rückwand und zu den Seitenwänden (falls vorhanden) ausreichend Raum. Abschließend sollten Sie die Lichtquelle noch so aufhängen, dass zwischen ihr und den Pflanzentops noch etwa 35 – 40 cm Platz ist, sodass das Licht maximal genutzt werden kann, ohne dabei die Cannabispflanzen zu verbrennen. Denken Sie daran, die Lampe in den kommenden Wochen regelmäßig höher zu hängen, damit der Abstand zwischen ihr und den Cannabistops immer gleich bleibt, da diese sonst schnell Verbrennungen zeigen werden.

Zum richtigen Zeitpunkt umstellen

Der (mondtechnisch) richtige Zeitpunkt zum Umstellen von der Grow- in die Blühphase entspricht immer dem richtigen Erntezeitpunkt, sodass Sie ohne Probleme eine Lampe abernten und sofort neu besetzen können. Das Umstellen während Zwilling und Waage, also während Luftzeichen, soll die Entwicklung von Blüten fördern, Skorpion ist außerdem ideal für alle Heilpflanzen – wozu Marihuana definitiv zählt.

+++ zunehmender Mond in Zwilling oder Waage
+ immer im Skorpion, immer im zunehmenden Mond außer bei Jungfrau und Fisch
- im abnehmenden Mond, immer bei Jungfrau, Fisch und Schütze, bei Voll- und Neumond

Vom Gießen und Düngen

Gießen und Düngen sind die häufigsten Arbeiten in einer Cannabisplantage – der richtige Umgang mit beidem ist entscheidend für eine ertragreiche Ernte. In den folgenden Unterkapiteln soll nun zunächst auf das Thema Wasser und Gießen, anschließend dann auf den großen Themenkreis Düngung eingegangen werden, denn bei beiden gibt es einiges zu beachten: Wie und wann gieße ich möglichst effizient? Welches Wasser soll ich verwenden? Und vor allem: Wie dünge ich biologisch?

Wasser

Selbst beim Gießen gibt es Tipps und Tricks, die man anwenden kann, um seinen Pflanzen zu mehr Gesundheit zu verhelfen und gleichzeitig die Schädlingsbelastung möglichst gering zu halten.

Ein Muss in jeder Plantage, die größer ist als ein Anbauzelt in der Wohnung, ist ein gut gepflegtes Wasserfass! Je nach der Wasserqualität in Ihrer Region kann das Trinkwasser mit Chlor und anderen Chemikalien, Salzen, Medikamenten und Kalk angereichert sein. Nichts von dem ist der Gesundheit Ihrer Pflanzen besonders zuträglich, auch wenn ihnen nicht alles direkt schadet. Zum Beispiel: Die in Trinkwasser enthaltenen Mengen an Chlor werden keine Pflanze umbringen – die in der Erde befindlichen Mikroorganismen, die entscheidend für das Wachstum der Pflanzen sind, jedoch schon!

Eine Osmoseanlage kann zur Enthärtung bzw. Entkalkung Ihres Wassers eingesetzt werden, andere chemische Stoffe werden dadurch jedoch nicht herausgefiltert, dafür gibt es eigene Filteranlagen. Da Sie jedoch wahrscheinlich nicht extra in einen teuren Wasserfilter investieren wollen, ist ein großes Wasserfass eine kostengünstige Alternative. Gießen Sie künftig nicht mehr mit frischem Leitungs-, sondern mit abgestandenem Wasser. Salze, Kalk und andere Stoffe hatten Zeit zu kristallisieren und sich abzusetzen, möglicherweise enthaltenes Chlor kann ausdampfen. Mittels Tauchpumpe, Wasserschlauch und Teleskopbrause (alles kostengünstig im Baumarkt erhältlich) können Sie dann bequem gießen, ohne jedesmal die schwere Gießkanne aus dem Fass hieven zu müssen. Gleichzeitig können Sie mithilfe einer Teleskopbrause auch die hinteren Pflanzen bequem erreichen, ohne auch nur einen einzigen Topf umstellen zu müssen. Entleeren Sie das Fass regelmäßig (einmal pro Woche bis mindestens einmal im Monat) und spülen Sie es aus, um die abgesetzten Schwebstoffe, Dreck und so weiter zu entfernen. Auch in diesem Zusammenhang ist der Einsatz eines Hochdruckreinigers (z. B. Kärcher) äußerst hilfreich.

Statten Sie das Fass außerdem mit einem einfachen Aquarienheizstab aus, mit dessen Hilfe vor allem im Winter das Gießwasser auf Temperatur gehalten werden kann, um den empfindlichen Hanfwurzeln keinen Kälteschock zu verpassen. Aber Achtung: Der Heizstab muss im angeschalteten Zustand immer im Wasser hängen, sonst kann er das Plastik des Wasserfasses beschädigen!

Außerdem sollte das Wasser nie wärmer als 23 °C sein, weil

- es dann ein gutes Umfeld für verschiedene Bakterien und Pilze bietet
- es wesentlich weniger Sauerstoff aufweist als kühleres Wasser
- ab dieser Temperatur Hanfwurzeln Hitzeschäden erleiden können und
- die Aufnahmefähigkeit von Nährstoffen verringert wird.

Der absolute Luxus für jede Hanfpflanze ist jedoch Regenwasser! (Ausnahme: Sie leben in einer Region mit extrem saurem Regen.) Also: Outdoor möglichst viele Regenwassertonnen aufstellen und ihren Inhalt regelmäßig mithilfe einer Tauchpumpe in die Plantage transportieren. Aber Vorsicht: Entleeren Sie auch diese Tonnen regelmäßig – Sauberkeit muss auch hier sein.

Wie häufig gegossen werden muss, hängt vom Verhältnis Pflanzengröße zu Topfgröße sowie von den Temperaturen ab. Gießen Sie nicht «nach Plan», also z. B. jeden zweiten Tag, sondern stellen Sie sich auf die Pflanzen ein. Sie sollten nie erst dann gießen, wenn die Blätter bereits hängen und welk sind. Andererseits ist das Gießen bei zu nasser Erde auch nicht zuträglich, da ansonsten die Wurzeln abfaulen und sich unerwünschte Pilzkulturen einnisten können. Machen Sie die Gewichtsprobe mit den Töpfen: Sind sie eher leicht, ist die Erde wahrscheinlich schon trocken und die Pflanzen sollten gegossen werden, sind sie jedoch noch schwer, ist die Erde noch mit Feuchtigkeit gesättigt und braucht nur wenig bis kein Wasser. Im Sommer werden Sie selbstverständlich tendenziell mehr gießen müssen als im Winter. Auch in dieser Hinsicht gilt: Übung macht den Meister! Mit etwas Erfahrung können Sie anhand des Topfgewichts genau feststellen, ob ihre Pflanzen schon wieder gegossen werden müssen oder ob man lieber noch ein oder zwei Tage wartet. Ist die Erde schon etwas trockener, empfiehlt es sich, die Pflanzen mit wenig Wasser anzugießen und ihnen erst in einem zweiten Durchgang die volle Menge an Wasser zu geben. Die Erde wird auf diese Weise mehr Wasser halten können, als wenn Sie viel auf einmal gießen.

Tipp:

Der ultimative Pflanzen-Luxus ist der Einsatz von Regenwasser!

Gerade in Bezug auf das Gießen empfehle ich das Arbeiten nach dem Mond sehr, da man auf diese Weise nicht nur Wasser sparen kann, sondern auch den Schädlingen weniger Chancen gibt, sich zu verbreiten.

Zum richtigen Zeitpunkt gießen

Gerade in Sachen Gießen hat sich das Arbeiten nach dem Mond als äußerst hilfreich erwiesen. An guten Gießtagen nehmen die Pflanzen viel Wasser auf, an schlechten wird viel davon durchrinnen und die Erde ausschwämmen, ohne, dass sich die Pflanze davon nähren kann. Außerdem erhöht das Gießen an den «falschen» Tagen (also im Allgemeinen an Lufttagen) das Risiko des Schädlingsbefalls immens.

+++ Krebs, Skorpion, Fisch (1. und 2. Tag am besten)
\+ Stier, Jungfrau, Steinbock (1. Tag am besten)
\- Zwilling, Waage, Wassermann

Düngemittel

Neben dem Verzicht auf chemische Schädlingsbekämpfungsmittel ist die Düngung einer der Hauptunterscheidungspunkte zwischen konventionellem und biologischem Cannabisanbau. Für die biologische Produktion ist es essentiell, auf jegliche Art von chemischen Düngemitteln zu verzichten, da diese nicht nur die Qualität des Marihuanas mindern und sich negativ im Geschmack bemerkbar machen, sondern durch die Ablagerung in der Erde und das durchgespülte Wasser auch unsere Umwelt belasten. In konventionellen Düngemitteln sind unter anderem künstliche Hormone und diverse chemische Inhaltsstoffe enthalten, wohingegen biologische Düngemittel mit fermentierten Pflanzenteilen, Mikroorganismen und natürlichen Nährstoffen arbeiten.

Gekaufte Bio-Düngemittel

In jedem gut sortiertem Growshop wird heute mindestens eine biologische Düngemittel-Marke angeboten, jedoch gibt es bisher nur in besonders großen Geschäften eine erkleckliche Auswahl – sehen Sie sich diesbezüglich rechtzeitig in mehreren Growshops um. Achten Sie außerdem unbedingt darauf, dass auf den Packungen tatsächlich «organic» steht und nicht nur Floskeln wie «natural», «mit natürlichen Zusatzstoffen» oder ähnliches. Solche Düngemittel sind im Allgemeinen von synthetischer Zusammensetzung, werden jedoch wegen einzelner, naturbelassenerer Inhaltsstoffe als «natürlich» beworben und damit meistens nur teurer verkauft. Hier ist Eigenverantwortung gefragt!

Haben Sie sich einmal für einen Dünger entschieden, ist die korrekte **Lagerung** gerade bei biologischen Mitteln von größter Bedeutung. Da organische Düngemittel zum Teil lebende Mikroorganismen enthalten, muss Dünger immer dunkel und am besten auch kühl gelagert werden! Lassen Sie die Düngerflaschen unabgedeckt in Ihrer Plantage stehen, werden gewisse Anteile bereits nach wenigen Tagen oder Wochen keine Wirkung mehr bei den Pflanzen erzielen. Decken Sie die Düngerbehältnisse also immer ab – eine dunkle Plane oder ein dicker Papiersack reichen da oft schon. Praktisch ist auch eine lichtdicht verschließbare Box, in die Sie die Flaschen/Kanister hineinstellen können. Achten Sie außerdem darauf, dass die Mittel weder im Sommer zu heiß werden, noch im Winter frieren. Um Ihren Pflanzen immer die beste Düngerqualität zu bieten, empfehlen wir, lieber häufiger kleine Mengen an Dünger einzukaufen als zweimal im Jahr eine große. Biologische Düngemittel riechen häufig etwas streng, sollte Ihnen ein Dünger wirklich einmal schlecht werden (man spricht in diesem Zusammenhang auch von «kippen»), werden Sie den Unterschied jedoch trotzdem deutlich riechen können. Vertrauen Sie Ihrer Nase! Unterscheidet sich der Geruch vom einen zum nächsten Mal deutlich, riecht es verfault oder schlecht, entsorgen Sie es lieber, bevor Sie bei Ihren Pflanzen einen Düngeschaden anrichten!

Bei allen, besonders jedoch bei biologischen Düngemitteln, ist es wichtig, dass Sie die Flaschen/Kanister gut schütteln, bevor Sie die Düngemischung herstellen! Oft setzen sich organische Teilchen ab oder Flüssigkeiten teilen sich in ihre Bestandteile auf. Wird der Dünger dann vor seiner Verwendung nicht gut geschüttelt, fehlen gewisse Anteile, andere kommen in zu hoher Konzentration vor.

Achten Sie vor dem Düngen darauf, wie der Zustand Ihrer Erde ist: Ist sie sehr trocken, kann es sich auszahlen, zunächst alle Pflanzen mit einem Schluck Wasser anzugießen, die Erde wird den anschließend verabreichten Dünger dann wesentlich besser aufnehmen und speichern können. Auch hier zahlt es sich erfahrungsgemäß aus, sich Zeit zu nehmen, und nicht die gesamte Düngemenge auf einmal, sondern am besten in zwei bis drei Durchgängen auszubringen. Rinnt viel Flüssigkeit einfach durch die Töpfe hindurch, war die Erde entweder zu trocken oder die Flüssigkeitsmenge zu viel. Je nach Größe der Töpfe werden pro Lampe und pro Düngevorgang etwa zehn Liter Flüssigkeit ausgebracht.

Tipp:

Lagern Sie biologische Düngemittel immer dunkel und am besten kühl!

Düngesysteme

Jede Düngemittelmarke hat ihr eigenes Düngesystem, lassen Sie sich daher auf alle Fälle einen Düngeplan mitgeben, den Sie dann gegebenenfalls an die Blühdauer Ihrer Pflanzen anpassen. Je nach Sorte beträgt die Blühphase sieben bis 14 Wochen: Überlegen Sie sich bereits zu Beginn, wie Sie den vorgegebenen Düngeplan am besten kürzen oder strecken, sodass die Pflanze immer die richtigen Inhaltsstoffe je nach Wachstumsphase erhält. Ein kleines Beispiel: Ist der erworbene Düngeplan auf neun Wochen ausgelegt (wobei in den letzten beiden Wochen nicht gedüngt wird), blühen Ihre Pflanzen jedoch zwölf Wochen lang, sollten Sie nicht normal nach Düngeplan gießen, bis sie in der siebten Woche angelangt sind und diese Düngemenge dann einfach über weitere drei Wochen hinweg geben, sondern bereits im Vorfeld einzelne Düngephasen verlängern. Dasselbe gilt natürlich auch umgekehrt: Beträgt die Blühdauer Ihrer Pflanzen bloß sieben Wochen (wiederum wird in den letzten beiden Wochen nicht gedüngt), dann lassen Sie die letzten beiden Wochen bitte nicht einfach weg, sondern steigern die Düngemengen rechtzeitig, sodass Sie in der fünften Blühwoche die angegebene Düngemenge der siebten Woche verteilen.

Zu empfehlen sind außerdem Systeme, die eine eigene Düngung speziell für die Wachstumsphase vorsehen, die man je nach Alter und Größe der Pflanzen unterschiedlich dosieren kann.

Zwei Wochen vor der Ernte der Pflanzen wird das Düngen eingestellt, eine Woche später auch die restliche Wassergabe. Dies dient der Ausschwemmung der Düngemittel und der schnelleren und schonenderen Trocknung. Außerdem regt die einwöchige Trockenperiode die Harzproduktion der Pflanzen an, wodurch das Cannabis schwerer und stärker in der Wirkung wird. Seien Sie hierbei jedoch nicht dogmatisch: Ist es sehr heiß, reicht es, wenn Sie einige Tage vor der Ernte mit dem Gießen aufhören. Die Pflanze sollte nicht bereits vollkommen ausgetrocknet sein, wenn sie geschnitten wird.

Natürlicher Langzeitdünger

Wenn Sie die Möglichkeit haben, kaufen Sie einem Schafbauern nach der Schur seiner Tiere die Wolle ab, die heutzutage aufgrund der hohen Verarbeitungskosten und der kaum vorhandenen Gewinnmöglichkeiten häufig einfach entsorgt wird. Schafbauern finden Sie ganz einfach im Internet und die meisten davon werden bereit sein, Ihnen für wenig Geld Ihre Wolle zu verkaufen.

Legen Sie während des Umtopfens der Hanfpflanzen eine Schicht Wolle ganz unten in die Töpfe. Die Wolle hat einen ähnlichen Effekt wie Perlit: Sie durchlüftet die Erde und speichert Wasser, dient jedoch zusätzlich als Langzeitdünger. Nach der Ernte wird Ihnen auffallen, wie dicht das Wurzelwachstum am Boden der Töpfe ist – von der Wolle allerdings wird (wenn überhaupt) nur noch eine millimeterdünne Schicht zu erkennen sind. Außerdem kann sie bedenkenlos mit der restlichen Erde entsorgt werden und dient auch im Gemüsegarten als guter Dünger.

Selbstgemachte Bio-Dünger

In verschiedenen Zeitschriften sind die unterschiedlichsten Anleitungen zur Eigenproduktion von Düngemitteln zu finden, so zum Beispiel für Kompost-Tee, Brennnesseljauche und Co. Zwar ist Hanf im Allgemeinen nicht besonders anspruchsvoll, was die Umweltbedingungen anbelangt, die nötig sind, damit die Pflanze überleben kann. Doch um eine qualitativ wie auch quantitativ hochwertige Ernte zu erzielen, müssen viele verschiedene spezifische Faktoren berücksichtigt werden. Neben der Raumtemperatur und der Luftfeuchtigkeit betrifft dies in erster Linie die Düngergabe. Nicht umsonst investieren internationale Firmen Millionen in Forschung und Entwicklung und bieten Dutzende Düngemittel an. Die Herstellung von eigenen Biodüngemitteln ist also grundsätzlich möglich, doch wer Erntemengen von 400 Gramm pro 600-W-Lampe und mehr erzielen möchte, ist gut damit beraten, auf vorgefertigte, käufliche Düngesysteme zurückzugreifen. Nur wer sich eingehend mit den chemischen Bedürfnissen von Cannabis auseinandergesetzt hat und das nötige Equipment besitzt (um sowohl Düngemittel als auch Erde regelmäßig auf pH-, Kalium- und andere Werte zu über-

Tipp:

Schafwolle am Topfboden speichert Wasser, belüftet die Erde und dient als Langzeitdünger.

prüfen), sollte mit selbstproduzierten Mitteln zu experimentieren beginnen. Meine Empfehlung lautet: lieber Finger weg!

Richtig düngen mit Mut zur Düngepause!

Häufig stellt sich die Frage: Wie düngt man eigentlich richtig? Und wann soll gedüngt werden? Meiner Erfahrung nach kann man verschiedene Maßnahmen ergreifen, um den Einsatz von Düngemitteln effizienter zu gestalten. Dies betrifft nicht nur die Art der Düngemittelausbringung, sondern auch den Zeitpunkt.

In Bezug auf das Arbeiten im Einklang mit Naturrhythmen empfiehlt es sich immer, in der Frühe oder am Vormittag zu düngen, da zu diesem Zeitpunkt jede Art von Gewächs Flüssigkeiten und Pflanzensäfte aus den Wurzeln aufwärts Richtung Blätter und Blüten transportiert. Nachmittags und abends verläuft der Vorgang allerdings umgekehrt (weshalb zum Beispiel Stecklinge erst nach 15 Uhr geschnitten werden sollten). Auf diese Art und Weise werden Ihre Pflanzen mehr von dem verabreichten Dünger aufnehmen können, als wenn Sie erst am Nachmittag düngen.

Bevor Sie mit dem Düngevorgang beginnen, sehen Sie sich zunächst Ihre Pflanzen bzw. Ihre Erde genau an. Düngen Sie nur dann direkt, wenn die Erde noch feucht ist. Sollte sie jedoch schon sehr trocken sein, geben Sie jeder Pflanze zunächst etwas Wasser und lassen Sie etwas Zeit vergehen. Angefeuchtete Erde kann mehr Flüssigkeit halten als sehr trockene, wodurch Ihnen diese Maßnahme helfen wird, Düngemittel zu sparen. Zwei Wochen vor der Ernte sollte mit dem Düngen aufgehört und nur noch Wasser gegeben werden, sodass die in Pflanze und Erde enthaltenen Düngemittel ausgeschwemmt werden. Dies ist vor allem dann unverzichtbar, wenn Sie mit konventionellen Substanzen düngen, doch auch bei der Verwendung von Bio-Dünger trägt es zur Geschmacksverbesserung der Blüten bei. In der letzten Woche vor dem Ernten wird dann sowohl auf Dünger als auch auf Wasser vollkommen verzichtet. Dies trägt zum einen dazu bei, die Pflanze schon etwas anzutrocknen und regt zum anderen die Harzproduktion der Blüten an. Das Harz soll eigentlich verhindern, dass die Pflanze Wasser über ihre Blätter verdampft und sie damit vor dem Vertrocknen schützen. Dem Hanf-Grower hilft es jedoch, das Erntegewicht zu erhöhen und die Wirkung des Rauchkrauts zu verstärken. Diese Wasser-Stopp-Regel ist jedoch nicht dogmatisch zu befolgen! Wenn es im Hochsommer in Ihrer Anlage etwas heißer als üblich werden sollte, gießen Sie lieber noch bis wenige Tage vor der Ernte, da die Pflanzen nicht vollkommen vertrocknet sein sollten, wenn sie geschnitten werden. Denn dies würde wiederum die Qualität der Blüten verschlechtern.

Nun aber zu der Maßnahme, die Ihnen am meisten Dünger sparen wird, die unter Hanf-Growern jedoch sehr umstritten ist: das Einhalten einer Düngepause in der Woche vor Vollmond! Hier treffen zwei sehr konträre Positionen aufeinander. Zum einen die von Marihuana-Produzenten, die im Allgemeinen nach jedem zweiten Gießvorgang Dünger einsetzen, und die andere von Gärtnern, die nach den Mond-Rhythmen arbeiten. Diese raten, nur bei abnehmendem Mond zu düngen, da der Dünger im zunehmenden Mond kaum von den Pflanzen aufgenommen werden kann. Da Marihuana im Indoor-Anbau jedoch im Vergleich zu anderen Topfpflanzen, die rein der Dekoration dienen, nur eine sehr kurze Blühphase und damit Lebensdauer hat, würde eine zweiwöchige Düngepause im fortgeschrittenen Wachstum zu Mangelerscheinungen und einem weniger ausgeprägten Blütenwachstum führen, als dies für den motivierten Marihuanabauern wünschenswert ist. Aus diesem Grund empfehle ich: In der Woche direkt vor Vollmond wird für alle Pflanzen eine Düngepause eingelegt. In der ersten Woche des zunehmenden Mondes wird gedüngt, wobei man die Tage des aufsteigenden Mondes, exklusive Lufttage, bevorzugt. Der aufsteigende Mond reicht von den Tierkreiszeichen Schütze bis Zwilling, wobei die Luftzeichen Wassermann und Zwilling ausgelassen werden.

Tipp:

Düngen Sie in der Frühe oder am frühen Vormittag, um die Düngemittelaufnahme zu erhöhen.

Diese eine Woche Düngepause hat sich sehr bewährt, da auf diese Weise – zusammen mit der Beachtung der anderen Mondregeln (siehe unten) – der Einsatz von Düngemitteln um ein Drittel gesenkt werden konnte. Dies stärkt die Pflanzen, schont Ressourcen und dient der Gesundheit der Marihuanakonsumenten.

Ich rate also: Haben Sie Mut! Legen Sie eine Düngepause ein!

Gießen und Düngen kurz gefasst:

- Gießen Sie trockene Erde an, um die Flüssigkeitsaufnahme zu erhöhen.
- Verwenden Sie abgestandenes Wasser oder Regenwasser.
- Gießen Sie niemals mit zu kaltem Wasser.
- Verwenden Sie gekauften Bio-Dünger, achten Sie auf die Bezeichnung «bio» und «organic».
- Probieren Sie verschiedene Düngemarken aus.
- Passen Sie das Düngesystem zeitlich an die Blühdauer Ihrer Pflanzen an.
- Lagern Sie Düngemittel dunkel und kühl.
- Schütteln Sie die einzelnen Mittel gut durch, bevor Sie damit beginnen, den Dünger anzumischen.
- Düngen Sie bevorzugt in der Frühe oder am Vormittag.
- Gönnen Sie den Pflanzen ein bis zwei Wochen Düngepause vor Vollmond.
- Hören Sie zwei Wochen vor Ernte mit dem Düngen auf.
- Gießen Sie in der letzten Woche vor der Ernte gar nicht mehr.

Zum richtigen Zeitpunkt düngen

Der abnehmende Mond ist ideal zum Düngen, da in dieser Phase Pflanzen besonders aufnahmefähig für Nährstoffe über die Wurzeln sind. Düngen in den richtigen Tierkreiszeichen fördert außerdem die Entwicklung der Blüten, wobei es an besonders ungünstigen Tagen, wie z. B. dem Löwen, leicht zu Verbrennungserscheinungen (also Überdüngung) kommen kann – oder zum Aufkommen von Schädlingen.

+++ 1. Tag nach Vollmond (außer Löwe)
abnehmender Mond im Widder, Schütze und Skorpion,
einmal pro Düngeperiode und bei ausreichend niedrigen Temperaturen im abnehmenden Mond in Zwilling, Waage, Wassermann

+ abnehmender Mond außer Löwe, speziell in Krebs und Fisch
In der ersten Woche nach Neumond in Steinbock, Fisch, Widder, Stier, Skorpion und Jungfrau

- immer Löwe, eine Woche vor Vollmond, Voll- und Neumond

Schädlingsprophylaxe und -Bekämpfung

Wie bei jedem landwirtschaftlichen Anbau ist auch in der Cannabis-Produktion die Schädlingsbelastung ein wichtiger Faktor für die Qualität und Quantität der Ernte. Natürlich bietet sich der Einsatz von Pestiziden und anderen Schädlingsbekämpfungsmitteln an, da die zahlreichen am Markt erhältlichen Produkte eine rasche und unkomplizierte Lösung gegen jegliche Art von Schädlingen versprechen. Ein falsches Versprechen! Weiß man doch aus der industriellen Landwirtschaft mittlerweile, dass der flächendeckende Einsatz von chemischen Mitteln zahlreiche Folgen hat:

- Das (Grund-)Wasser wird kontaminiert.
- Andere Insekten und Nützlinge werden ebenfalls getötet, weshalb gegen überlebende Schädlinge noch mehr Spritzmittel eingesetzt werden müssen.
- Durch die Nahrungskette gelangen die Gifte in den Blutkreislauf aller Lebewesen, auch in die des Menschen (nähere Informationen bietet Greenpeace[7]).
- Schädlinge werden mit der Zeit immun gegen die eingesetzten Mittel und sind dadurch heute um ein Vielfaches widerstandsfähiger, aggressiver und unberechenbarer als früher.

Und was im Großen gilt, behält auch in der kleinen Hanf-Plantage seine Gültigkeit! Das Wasser wird belastet, die Pflanze geschwächt. Schädlinge werden kurzfristig dezimiert, langfristig jedoch gestärkt. Und da Cannabis vor dem Konsum selbstverständlich nicht gewaschen, sondern dabei auch noch verbrannt wird, verändern Pestizide den Geschmack und gelangen in Form schädlicher Gase direkt in die Lunge!

Im biologischen Anbau wird selbstverständlich anders gearbeitet! Bei biologisch produziertem Marihuana kommt es bei der Schädlingsbekämpfung vor allem auf eines an: Vorbeugung. Und dabei sind gesunde Pflanzen, Sauberkeit, Temperatur und Luftfeuchtigkeit das A und O! Geschwächte Pflanzen sowie zu hohe Temperaturen und zu geringe Luftfeuchtigkeit bieten ein ideales Umfeld für gefürchtete Schädlinge wie die Spinnmilbe, zu hohe Luftfeuchtigkeit wiederum führt zum Verschimmeln der Buds, oder – wesentlich schlimmer – zur Einschleppung von Mehltau – was mit der Schließung der Anlage gleichzusetzen ist!

Zuallererst soll eins gesagt werden: Schädlinge lassen sich aus einer Plantage kaum fernhalten! Solange sie nicht über den Luxus einer Reinraum-Schleuse vor Ihrer Anlage verfügen, wird es Ihnen kaum möglich sein, absolut schädlingsfrei zu bleiben. Gerade Insekten finden durch kleinste Spalten im Gemäuer oder zwischen Tür und Rahmen Einlass in den angenehm warmen, hellen Anbauraum. Häufig werden Schädlinge auch durch gekaufte Stecklinge eingeschleppt. Und selbst auf Ihren Schuhen und der Kleidung bringen Sie immer wieder ungebetene Gäste mit in die Anlage. Ganz vermeiden lassen sie sich also nicht, jedoch reduzieren. Dabei wird vor allem auf zwei Mittel gesetzt: Prophylaxe und den Einsatz von Nützlingen, also lebenden Organismen, die sich von Schädlingen ernähren. Nur im äußersten Notfall wird auf für den biologischen Landbau zugelassene Spritzmittel zurückgegriffen. Im Folgenden sollen verschiedene Maßnahmen erläutert werden, die zu einem schädlingsfreien Zustand beitragen können. Anschließend werden einige Ungeziefer und Pilzarten sowie die dagegen einzusetzenden Nützlinge genauer beleuchtet, um so einen schädlingsfreien Anbau mit einem Mindesteinsatz von Pestiziden zu gewährleisten.

... mittels konventioneller Pestizide

Schädlinge sind gerade im Indoor-Anbau ein großes Problem, da sie – einmal eingeschleppt – nur schwer wieder zu beseitigen sind und zu großen, bis hin zu kompletten Ernteausfällen führen können. Aus diesem Grund werden in den meisten Indoor-Cannabis-Plantagen prophylaktisch starke chemische Pestizide gespritzt. Da man als Privatperson Pestizide im Baumarkt kaufen kann, die in der konventionellen Landwirtschaft schon lange verboten sind oder strengen Auflagen unterliegen, sind in Marihuana häufig Chemikalien zu finden, die bei Verzehr giftig sind. Beim Rauchen erhitzt, entstehen zusätzliche Gase, deren toxische Wirkung von den Produzenten nicht untersucht wurde, da der Einsatz solcher Mittel auf Pflanzen, die angezündet und geraucht werden, nicht vorgesehen ist. Der Verzicht auf Pestizide macht aber für den Graskonsumenten noch einen weiteren großen Unterschied: Wer öfter Bio-Marihuana konsumiert hat, wird verwundert feststellen, dass er/sie plötzlich weniger husten muss oder ein unangenehmes Kratzen im Hals verspürt. Außerdem fehlt der ansonsten übliche chemische Beigeschmack. Sie kennen doch bestimmt die Bilder, auf denen Feldarbeiter in Schutzanzügen und Gasmasken zu sehen sind? Das liegt daran, dass man künstliche Pestizide nicht einatmen soll! Zwar wird in jedem Anbau-Buch empfohlen, jeglichen Pestizideinsatz zwei Wochen vor der Ernte einzustellen, aber wenn die Pflanzen in den Wochen davor regelmäßig gespritzt wurden, haben sie die chemischen Stoffe längst aufgenommen. Giftige Inhaltsstoffe werden sich auch in den Blüten wiederfinden. Im biologischen Marihuana-Anbau ist daher auf jeglichen Einsatz von konventionellen Spritzmitteln zu verzichten, und selbst biologische Schädlingsbekämpfungsmittel sollten nur dann eingesetzt werden, wenn nichts mehr hilft. Doch bedenken Sie: Durch den Einsatz von Pestiziden (sowohl konventionelle als auch biologische) findet bei den Schädlingen eine Art Selektion statt: Nur die stärksten und widerstandsfähigen überleben und vermehren sich. Dadurch kommt es zum sogenannten Anpassungseffekt, wodurch die Schädlinge immer resistenter gegen das eingesetzte Mittel werden. Man verschärft das Schädlingsproblem auf lange Sicht also nur, anstatt es zu beseitigen.

... mittels Temperatur und Luftfeuchtigkeit

Unterschiedliche Lebewesen bevorzugen unterschiedliche Umgebungsbedingungen – ganz klar. Dies trifft selbstverständlich auch auf Schädlinge zu. Also: Verschiedene Schädlingsarten sind perfekt an unterschiedliche Umweltbedingungen angepasst. Dies hat für den Grower Vor- und Nachteile: Einerseits wird es so kaum möglich sein, alle Arten von Schädlingen gleichzeitig in der Anlage zu haben, andererseits finden sich für beinahe alle Umweltbedingungen Tierchen und andere Wesen, denen es gerade so angenehm ist. Hohe Temperaturen mit geringer Luftfeuchtigkeit begünstigen vor allem Spinnmilben, aber auch Blattläuse und kleine Fliegenarten. Eine zu hohe Luftfeuchtigkeit wiederum kann zur Entwicklung von allen möglichen Pilzkulturen führen.

Um den Schädlingen jedoch möglichst geringe Chancen einzuräumen, sind Temperatur und Luftfeuchtigkeit von enormer Wichtigkeit. Hanfpflanzen wachsen am besten bei Temperaturen von etwa 24 °C tagsüber und etwa 18 °C nachts, wobei die Schwankung nie mehr als 8 °C betragen sollte. Die ideale Luftfeuchtigkeit liegt bei 40 bis 60 Prozent. Wie Sie diese Idealbedingungen schaffen können, lesen Sie im Kapitel *Luft*, ab S. 22 nach.

... mittels Hygiene

Hygiene spielt in vielerlei Hinsicht eine große Rolle. Zunächst sollte die Anlage so gebaut sein, dass sie gut zu reinigen ist (siehe Kapitel *Die Plantage*, S. 15). Geflieste Wände und Böden mit integriertem Abfluss sind ideal, da man sie zweimal jährlich mit einem Hochdruckreiniger auswaschen und verschüttetes Gießwasser einfach abrinnen kann, ohne, dass sich Feuchtigkeit in den Wänden ausbreitet und man Gefahr läuft, sich Schimmel in die Anlage zu holen.

Aber auch bei der täglichen Arbeit mit den Pflanzen ist auf einiges zu achten: Gehen Sie nicht mit schmutzigen Schuhen in Ihre Anlage, am besten stellen Sie sich Schuhwerk bereit, das Sie ausschließlich in Ihrer Plantage tragen. In an Ihrem Schuhwerk klebenden Erdklumpen oder Stallmist können sich Schädlinge, deren Eier oder Larven befinden.

Aus diesem Grund sollten Sie auch NIEMALS Erde oder Sand aus dem eigenen Garten oder der freien Natur verwenden, wenn Sie keinen Erddämpfer besitzen oder das zu verwendende Material auskochen können. Es könnten sich auch Saatgut von Wildpflanzen, Pilzsporen und im schlimmsten Fall sogar Regenwürmer an Ihren Schuhen befinden, die durch das Abfressen der feinen Wurzeln eine Pflanze nicht nur schädigen, sondern umbringen können. Auch Haustiere sollten keinen Zutritt in die Anlage haben. Erstens können auch sie Schädlinge mit einschleppen, und zweitens kann es durch sie zu kleinen Unfällen kommen – umgeworfene Pflanzen und abgebrochene Triebe sind da noch das geringste Übel. Eine Hanfpflanze, die einmal mit Hunde- oder Katzenurin gewässert wurde, überlebt jedoch nicht.

Doch zurück zur täglichen Hygiene in der Hanfplantage: Um auf Anbau-Utensilien sitzende Schädlinge und Salz- oder Düngerablagerungen nicht auf junge Pflanzen zu übertragen, müssen Töpfe, Untersetzer und Pflanzenstützen vor ihrer Wiederverwendung jedesmal gewaschen werden. Im Idealfall wischen Sie sogar regelmäßig die Reflexionsfolie an den Wänden und die Lampenschirme gründlich ab. Aber Vorsicht: Erledigen Sie das ausschließlich bei abgeschalteten, ausgekühlten Lampen! Eine heiße Hochdrucklampe kann durch Kontakt mit einem einzigen kalten Wassertropfen geradezu explodieren – es besteht akute Gefahr für Leib und Leben!

Im Sinne des biologischen Anbaus, aber auch, weil konventionelle Putzmittel für Pflanzen schädliche Chemikalien enthalten können, empfehlen wir, ausschließlich flüssige Gallseife zu verwenden! Sie besteht aus Kernseife, also aus minderwertigen Fetten und Ochsengalle, und ist ein vollkommen natürliches Produkt, das sich nicht negativ auf die Pflanzen auswirkt, Schädlinge jedoch bekämpft. Bei starkem Schädlingsbefall, zum Beispiel durch Spinnmilben, kann Gallseife auch zum Reinigen der Hanfblätter eingesetzt werden. Anschließend sollten die Blätter mit Wasser abgespült werden, um den Pflanzen weiterhin das Atmen zu ermöglichen. Werden nur Töpfe und andere Hartplastikutensilien gereinigt, eignet sich auch ein Hochdruckreiniger hervorragend und erspart dem Hanf-Grower viel Zeit und körperliche Anstrengung. Vergessen Sie nicht die Wassertonne in Ihrer Anlage, falls eine vorhanden. Auch hier können sich Insekten einnisten (beispielsweise Stechmücken) und sich verschiedene Mineralien ablagern, wie zum Beispiel Kalk, weshalb wir unsere Tonne etwa alle zwei Wochen vollkommen entleeren und ausputzen.

Gewisse Reinigungsarbeiten müssen laufend gemacht werden. So kehren wir jedesmal, nachdem wir umgetopft haben, da verschüttete Erde am Boden eine ideale Keimzelle für Schädlinge ist. Zwischen gelben, welken und abgestorbenen Blättern können sich Schädlinge nicht nur verstecken und ihre Eier ablegen, sie ernähren sich zum Teil auch davon. Daher achten wir sehr darauf, regelmäßig potentielle Schädlingsherde zu entfernen und pflücken die Pflanzen ab, wobei selbstverständlich auch die Blätter entfernt werden, auf denen sich Schädlinge befinden! Ein regelmäßiges Reinigen der Pflanzen ist wichtig. Noch ein Tipp: Lassen Sie den Kübel mit Blattabfall nie in Ihrer Anlage stehen, sondern entsorgen Sie das Laub umgehend und waschen den Kübel aus, bevor Sie ihn wieder mit hinein nehmen. Ansonsten machen sich die Schädlinge wieder auf den Weg zurück zu den Pflanzen und breiten sich auf diese Art eventuell sogar noch schneller aus. Die Anlage sollte wöchentlich ausgekehrt, besser noch ausgesaugt werden. Wir verwenden dazu einen Nass-Trocken-Sauger. Ein qualitativ hochwertiges Gerät aus dem Baumarkt ist vollkommen ausreichend, erleichtert das Reinigen sehr und beseitigt den Dreck, der in einer Hanfplantage anfällt: Erde, Staub, Sand, Schafwolle und sogar ausgebröseltes Mauerwerk.

Hygiene kurz gefasst:

- Geflieste, leicht zu reinigende Räume sind zu bevorzugen
- Verwenden Sie weder Erde, noch Sand, noch andere Materialien aus dem Garten
- Achten Sie auf sauberes Schuhwerk
- Nehmen Sie keine Tiere mit in die Plantage
- Entfernen Sie ausgeschüttete Erde sofort und pflücken Sie regelmäßig abgestorbene und welke Blätter ab
- Kehren oder saugen Sie Ihre Anlage mindestens einmal pro Woche aus, reinigen Sie das Wasserfass mindestens einmal im Monat
- Reinigen Sie die Töpfe, den Standplatz und alle anderen eingesetz-

ten Utensilien (z. B. Stützen) nach jeder Ernte gründlich
- Putzen Sie mindestens einmal im Jahr die gesamte Plantage inkl. Lampen
- Verwenden Sie für Reinigungsarbeiten jeglicher Art ausschließlich flüssige Gallseife und keine chemischen Putzmittel!

... mittels Nützlingen

Das Arbeiten mit Nützlingen hat sich bei der biologischen Schädlingsbekämpfung bewährt. Es gibt eine große Auswahl an Nützlingen, die für verschiedene Umweltbedingungen geeignet sind und eine Vielzahl an Schädlingen fressen. Und der Vorteil: Im Gegensatz zum Einsatz von chemischen Mitteln wird bei den Schädlingen kein Anpassungseffekt auftreten!

Nützlinge lassen sich heute ganz einfach über das Internet bestellen und direkt nach Hause liefern. Wem das zu auffällig ist, der bestellt beim Direktverkauf. Eine Liste der Nützlingslieferanten finden Sie im Anhang. Auch hier gilt der Tipp: Probieren Sie verschiedene Anbieter aus! Zum Teil unterscheiden sich Preise und Qualität deutlich. Außerdem bieten verschiedene Händler auch unterschiedliche Nützlinge in verschiedenen Bestellmengen an. Bestellen Sie häufiger bei demselben Lieferanten, erhalten Sie mit Sicherheit Rabatt – fragen Sie am besten danach!

Ich empfehle Express-Versand und eine Bestellung am Wochenanfang, da der Transportweg bzw. die Transportdauer einen enormen Einfluss darauf hat, wie viele Nützlinge lebendig bei Ihnen ankommen!

Hinweis: Die EU-Verordnung 1107/2009 über das Inverkehrbringen von Pflanzenschutzmitteln regelt die Zulassung und den Handel mit Pflanzenschutzmitteln. Die genaue Umsetzung dieser Verordnung wird jedoch in den nationalen Gesetzestexten geregelt, wodurch jedes europäische Land andere Richtlinien zum Umgang mit Pestiziden, Fungiziden und anderen hat – diese Gesetze betreffen zum Teil jedoch auch den Umgang mit Nützlingen. In Österreich müssen zum Beispiel auch Nützlinge nach dem Pflanzenschutzmittelgesetz 2011 zugelassen werden. Da dies jedoch noch nicht bei jeder Nützlingsart geschehen ist, gibt es nicht alle in Deutschland und der Schweiz erhältlichen Nützlinge auch in Österreich im freien Handel, für manche muss man auch einen Gewerbenachweis erbringen, um sie kaufen zu dürfen. Informieren Sie sich am besten bei Ihrem Nützlingslieferanten über die jeweils länderspezifischen Bestimmungen.

Vor dem Ausbringen der Nützlinge sollten die am stärksten befallenen Hanfblätter und so viele Schädlinge wie möglich mit einem feuchten Papiertaschentuch (siehe *Schädlingsprophylaxe und -Bekämpfung*, S. 119) entfernt werden. Häufig halten sich Schädlinge an der Blattunterseite, in den Blattachseln, auf den Stengeln und manche (Spinnmilben) auch auf den Blüten auf! Manchmal kann es sinnvoll sein, die Pflanzen vor dem Aufbringen der Nützlinge gründlich mit Gallseife und anschließend mit Wasser zu waschen, wenn der Schädlingsbefall zu stark geworden ist. Auch das Auftragen eines Blattdüngers, der gleichzeitig die Hanfblätter mit einem für Schädlinge undurchdringlichen, jedoch atmungsaktiven Film belegt, kann vor dem Aussetzen der Nützlinge noch erfolgen, da diese Mittel (sofern sie biologisch sind) die Nützlinge nicht schädigen. Achten Sie jedoch bei beiden letztgenannten Maßnahmen erstens darauf, dass die Pflanzen noch nicht in voller Blüte stehen und zweitens die Luftfeuchtigkeit anschließend nicht ansteigt. Sonst haben Sie vielleicht Ihr Schädlingsproblem in den Griff bekommen, dafür beginnen Ihnen die Blüten an den Pflanzen zu schimmeln!

Sind die Nützlinge angekommen, bringen Sie diese am besten sofort aus, oder lagern sie sie kurz an einem dunklen, kühlen Ort (Vorsicht: das Tiefkühlfach ist in den meisten Fällen zu kühl, der Kühlschrank ist in manchen Fällen jedoch geeignet), um sie kurz vor dem Abschalten der Lampen in Ihrer Anlage zu verteilen. Die meisten Nützlinge schätzen es, wenn sie erstmal in einem dunklen und kühlen Raum Zeit haben, sich zu akklimatisieren und aufzuteilen. Lagern Sie die Nützlinge jedoch nicht zu lange zwischen, da sich dies negativ auf ihre Vitalität auswirkt. Ein kleiner Tipp am Rande: Manche Nützlinge können recht unangenehm beißen, wenn sie hungrig aus ihrer Transportpackung kommen – versuchen Sie daher, die Tierchen nicht anzufassen, oder verwenden Sie Handschuhe zum Ausbringen.

Je nachdem, welche Nützlinge man bestellt hat, werden sich die Tierchen sofort auf die nächsten Schädlinge stürzen und sie auffressen, oder sie brauchen einige Tage bis zwei Wochen, bis sie aus den gelieferten Eiern geschlüpft sind. Beachten Sie dies bei der Wahl der Nützlinge, aber auch beim Bestellzeitpunkt: Warten Sie nicht zu lange! Bestellen Sie, sobald Sie Schädlinge entdecken und nicht erst, wenn sich die Spinnmilben an ihren Fäden von Pflanze zu Pflanze gespannt haben! Bestenfalls fressen die Nützlinge so lange, bis sich ein Gleichgewicht in der Anlage eingestellt hat und sie sich selbst vermehren können. Erfahrungsgemäß wird dies mit gewissen Nützlingen besser, mit anderen schlechter gelingen. Bedenken Sie jedoch, dass Sie durch die Ernte der Marihuanapflanzen in dieses potentielle Gleichgewicht eingreifen, sprich: Nützlinge entfernen. Wir haben mittlerweile während der Ernte eine Nützlingsschale etabliert, in der wir gefundene Insekten bzw. deren Eier, Kokons und Larven sammeln und anschließend wieder zurücktragen. Nichtsdestotrotz kommen wir bei Befall nicht umhin, einmal im Monat, bei Spitzentemperaturen im Hochsommer alle zwei Wochen, neue Nützlinge nachzubestellen. Es ist wesentlich sinnvoller und wirtschaftlicher, regelmäßig Nützlinge zu kaufen, anstatt zu warten, bis man die Schädlinge sieht, also bis zu einem Zeitpunkt, an dem sich bereits eine kaum zu bändigende Armee dieser unliebsamen Tierchen im Verborgenen entwickelt hat.

Selbstverständlich ist während des Einsatzes von Nützlingen auf jegliches Schädlingsbekämpfungsmittel – und sei es auch noch so biologisch – zu verzichten, denn Pestizide und andere machen keinen Unterschied zwischen Schädlingen und Nützlingen – jedes Insekt wird gleichermaßen getötet! Falls Sie ein biologisches Schädlingsbekämpfungsmittel eingesetzt haben, überprüfen Sie zunächst die auf der Verpackung angegebene Schonfrist, die vor dem Verzehr, aber auch vor dem Nützlingseinsatz eingehalten werden sollte. In den meisten Fällen liegt sie bei zwei Wochen, bei natürlichen oder UV-unbeständigen Mitteln manchmal auch nur bei wenigen Tagen.

Nachfolgend sollen die für den Indoor-Cannabis-Anbau interessanten Nützlinge vorgestellt werden. Dabei werden wichtige Hinweise zu den Nützlingen und ihrem Futter sowie Anwendungstipps gegeben. Viele Nützlingsarten haben verschiedene Unterarten, die gegen unterschiedliche Schädlinge wirken und zum Teil sogar unterschiedliche Ansprüche an die Umgebung. Wundern Sie sich also nicht, wenn gewisse Arten mehrmals genannt werden – an den lateinischen Namen erkennen Sie den Unterschied! Genaue Informationen über zu bestellende Mengen erhalten Sie bei den jeweiligen Anbietern. Ich empfehle eine leichte Überdosierung! Weitere Informationen über Art und Weise der Ausbringung und vieles mehr sind dem Beipackzettel jeder Lieferung zu entnehmen.

Nützlingsbestellung kurz gefasst:

- Bestellen Sie nie vor, sondern immer nach dem Wochenende.
- Leisten Sie sich den Expressversand!
- Lagern Sie die Nützlinge nur, wenn es unbedingt sein muss, und auch dann nur an einem dunklen, kühlen Ort (Kühlschrank und Gefriertruhe sind zu kalt).
- Entfernen Sie vor dem Austragen der Nützlinge so viele Schädlinge wie möglich auf mechanische Art.
- Am besten tragen Sie die Nützlinge kurz vor dem Ausschalten der Lampen aus – oder gleich im Dunkeln.
- Bestellen Sie alle 2 bis maximal 4 Wochen nach.
- Verzichten Sie auf alle Schädlingsbekämpfungsmittel!

Abb. 63: Die Erzwespe Encon ist nicht einmal einen Millimeter groß und daher mit freiem Auge leicht zu übersehen; **Abb. 64:** Erzwespe Encon in Nahaufnahme.

Erzwespe Encon – *Encarsia formosa* (Abb. 63 und 64)

Gegen: Weiße Fliegen

Wesen: Die Weibchen der Erzwespe *Encarsia formosa* sind trotz ihrer geringen Größe von 0,7 mm sehr auffällig gefärbt: Kopf und Brustteil sind schwarz, der Hinterleib jedoch ist giftgelb! Männchen gibt es verhältnismäßig wenig, außerdem sind sie vollkommen schwarz und daher weniger auffällig. Sie ernähren sich hauptsächlich von den ersten beiden Entwicklungsstadien der Weißen Fliege, indem sie diese aussaugen. Hat sich der Schädling bereits verpuppt, wird er von den Weibchen angestochen, um ihre Eier hineinzulegen. Nach etwa 20 Tagen schlüpfen dann, statt einer Weißen Fliege, *Encarsia*-Erzwespen aus dem Kokon.

Hinweis: Erzwespen werden meist im Puppenstadium verschickt – planen Sie ein bis zwei Wochen Entwicklungszeit ein, bis die Nützlinge schlüpfen. Die *Encarsia* ist wenig anspruchsvoll: Sie gedeiht am besten ab 18 °C und verträgt eine Luftfeuchtigkeit von 50 bis 80 Prozent. Die Ausbringung wird dreimal im Abstand von je zwei Wochen empfohlen – bei den meisten Lieferanten werden daher nur solche Dreierpakete verkauft.

Florfliegenlarven Chryson – *Chrysopa carnea* (Abb. 65 und 66)

Gegen: Blattläuse, Spinnmilben, Thripse, Woll-, Schild-, Schmierläuse

Abb. 65: Florfliegenlarve; **Abb. 66:** Ausgewachsene Florfliege.

Wesen: Die etwa 4 mm langen Florfliegenlarven (Abb. 65) greifen die Blattläuse und saugen sie aus. So vernichten sie in zwei bis drei Wochen bis zu ihrer Weiterentwicklung zur Florfliege etwa 500 bis 700 ausgewachsene Blattläuse und andere Schädlinge. Nach der Verpuppung und der anschließenden Metamorphose schlüpft eine giftgrüne, zarte, etwa 1,5 cm lange Florfliege – aufgrund ihres Fressverhaltens auch Blattlauslöwe genannt (Abb. 55). Die Weibchen legen pro Woche bis zu 500 Eier.

Hinweise: Sehr empfehlenswert! Florfliegen sind wenig anspruchsvoll. Sie gedeihen ab einer Temperatur von 13 °C und überleben auch bei normaler Luftfeuchtigkeit, selbst für die Metamorphose ist keine hohe Luftfeuchtigkeit nötig. Bestellen Sie die Larven im Kartonstreifen, nicht in Streugut, da der verwendete Buchweizen leicht in den Hanfblüten hängenbleibt und in den Töpfen gerne austreibt.

Gallmücken Aphidend – *Aphidoletes aphidimyza* (Abb. 67 bis 69)

Gegen: Etwa 60 Blattlausarten

Wesen: Aus Gallmückenpuppen, die meistens in kleinen Plastikfläschchen oder -behältern geliefert werden, schlüpfen nach etwa einer Woche Gallmücken, die vorwiegend dämmerungs- bzw. nachtaktiv sind und sich von Blattläusen ernähren. Jede Gallmücke legt etwa hundert Eier in die Nähe eines Schädlingsherds. Die daraus schlüpfenden Larven (Abb. 56) sind mit 2 mm genauso groß wie die ausgewachsenen Mücken und vertilgen bis zu ihrer Weiterentwick-

Abb. 67: So sehen die Puppen der Gallmücke aus, wenn man sie zusammen mit Sägespänen geliefert bekommt; **Abb. 68:** Innerhalb einer Woche schlüpfen viele kleine Gallmücken; **Abb. 69:** Gallmücken sind sehr klein und filigran – ihr Körper misst nur etwa 2 mm.

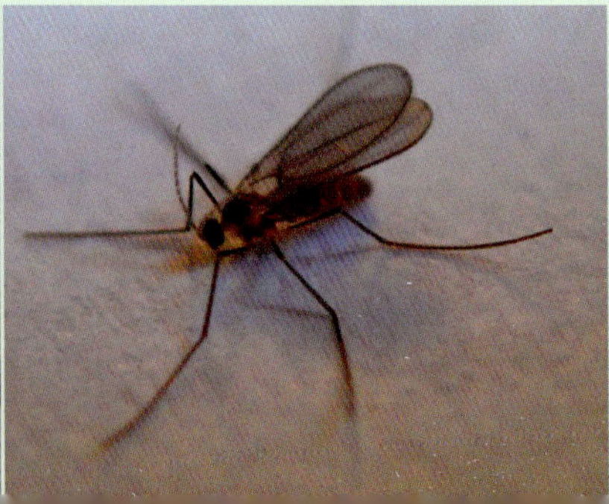

lung etwa hundert Blattlauslarven oder 50 ausgewachsene Blattläuse, indem sie die Läuse anstechen, vergiften und abschließend aussaugen. Nach ein bis zwei Wochen verpuppt sie sich zumeist in der Erde, bis nach einer Woche ihre Entwicklung zur Gallmücke abgeschlossen ist.

Hinweise: Gallmücken benötigen Temperaturen von über 16 °C und eine Luftfeuchtigkeit von 50 bis 60 Prozent. Sie sind nur für den Indoor-Anbau geeignet.

Gallmücke Feltiella – *Feltiella acarisuga*
Gegen: Verschiedene Spinnmilbenarten

Wesen: *Feltiella*-Gallmücken sind nachtaktiv, ein Grund – neben ihrer geringen Größe von gerade einmal 2 mm –, weshalb man sie so selten zu sehen bekommt, wobei sich alle Gallmückenarten sehr ähnlich sehen. Sie sind bräunlich und rot gefärbt, im Gegensatz zu ihren 0,5 – 1 mm kleinen Larven, die eher orange-gelblich sind. Sowohl die Larven als auch die adulten Tiere ernähren sich von Spinnmilben, wobei das Jungtier etwa 30 Stück pro Tag frisst. Die erwachsene Gallmücke wird vor allem durch das parasitäre Ablegen von etwa hundert Eiern in die Schädlingskörper zum Nützling. Nach zwei Tagen schlüpfen bereits die Gallmückenlarven, eine Woche später verpuppen sie sich und schließen ihre Metamorphose zur Gallmücke damit ab.

Hinweis: Diese Gallmückenart eignet sich hervorragend für den Einsatz in Hanfplantagen, da sie Temperaturen zwischen 20 und 26 °C und in Sachen Luftfeuchtigkeit etwa 60 Prozent (wie der Hanf) bevorzugen.

Nematoden – *Steinernema feltiae* (Abb. 70)
Gegen: Trauermückenlarven, Asseln

Wesen: Nematoden sind 0,1 – 0,8 mm kleine Fadenwürmer, von denen derzeit 20 000 verschiedene Arten bekannt sind. Viele von ihnen sind Schädlinge im Pflanzenbau oder leben gar als Parasiten.

Andere, wie beispielsweise die *Steinernema feltiae* (Abb. 57), werden wiederum zur Schädlingsbekämpfung eingesetzt.

Hinweise: Nematoden werden in kleinen Wasserbeuteln geliefert und müssen auf alle Pflanzen verteilt vergossen werden. Da diese Nützlinge extrem lichtempfindlich sind, empfehle ich das Eingießen im Dunkeln oder zumindest kurz vor dem Abdrehen der Lampen. Achten Sie in den darauffolgenden Tagen besonders auf feuchte Erde! Die Temperatur spielt für sie kaum eine Rolle, da sie bereits ab 12 °C gedeihen. Meiner Erfahrung nach genügt eine einzige großzügige Anwendung dieses Nützlings, um die gewünschten Resultate zu erzielen. Sehr empfehlenswert!

Raubmilbe Amblon – *Amblyseius cucumeris* (Abb. 71)

Gegen: Thripse, eingeschränkt auch gegen Spinnmilben

Wesen: Ausgewachsen sind Amblon-Raubmilben nur 0,2 – 1 mm groß und häufig nur schwer zu erkennen, da sie beinahe durchsichtig bis leicht grünlich sind. Sie sind jedoch sehr effektiv gegen Spinnmilben und Thripse.

Hinweis: Da Raubmilben nur bei einer Luftfeuchtigkeit von über 70 bis 90 Prozent langfristig überleben und sich vermehren können, dies aber in einer Marihuana-Plantage zum Verschimmeln der Blüten führen würde (alles ausprobiert! Nicht zum Nachmachen empfohlen!), empfehle ich ihren Einsatz ausschließlich als einmalige Radikal-Kur,

Abb. 70: Nematoden Steinernema feltiae; **Abb. 71:** Amblon-Raubmilben sind extrem klein und mit freiem Auge kaum erkennbar - wundern Sie sich also nicht über scheinbar leere Nützlingslieferungen.

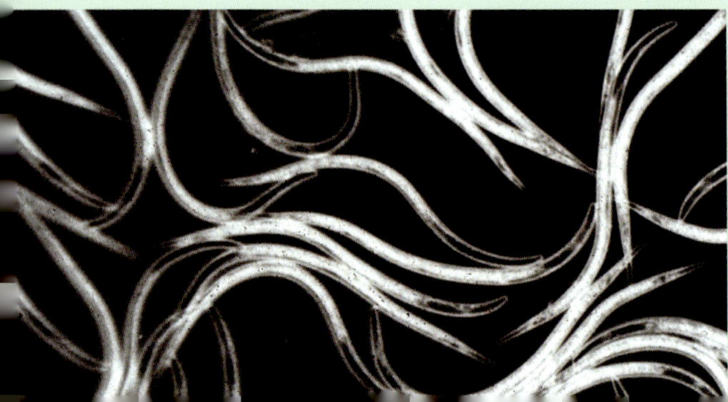

sollte der Thripse-Befall aufgrund zu hoher Temperaturen akut in die Höhe schnellen.

Vorsicht: Raubmilbenbisse sind sehr unangenehm und können zu starken Hautrötungen und kleinen Ausschlägen führen. Arbeiten Sie ausschließlich mit Handschuhen!

Raubmilbe Californicus – *Amblyseius californicus* (Abb. 72)

Gegen: Spinnmilben, Thripse

Wesen: Es gibt zahlreiche Raubmilbenarten, jedoch können nur wenige gegen Spinnmilben eingesetzt werden, so wie die *Amblyseius californicus*. Sie ist nur etwa 0,5 – 1 mm groß und gelblich bis rot-braun gefärbt. Aufgrund ihres hohen Luftfeuchtigkeitsbedarfs werden sich Raubmilben in Hanfplantagen nicht selbst vermehren – ihr Einsatz ist daher nur als Notfallösung bei sehr starkem Befall geeignet.

Hinweis: Diese Raubmilbenart ist eine der unempfindlichsten, die wir kennen. Sie hält auch hohe Temperaturen und eine relativ geringe Luftfeuchtigkeit aus – relativ im Vergleich zu anderen ihrer Art. Trotzdem empfehle ich, die Luftfeuchtigkeit in Ihrer Anlage **nicht** auf das Maß zu erhöhen, das im Beipackzettel angegeben sein wird, sondern lieber in Kauf zu nehmen, dass die Raubmilben bereits nach wenigen Tagen wieder sterben. Die kleinen Tierchen sind so gefräßig, dass Sie selbst nach kurzer Zeit eine Schädlingsreduktion bemerken können!

Abb. 72: Die Raubmilbe Californicus ist mit freiem Auge kaum erkennbar; **Abb. 73:** Raubmilbe Phyton.

Vorsicht: Raubmilbenbisse sind sehr unangenehm und können zu starken Hautrötungen und kleinen Ausschlägen führen. Arbeiten Sie bei der Ausbringung ausschließlich mit Handschuhen!

Raubmilbe Phyton – *Phytoseiulus persimilis* (Abb. 73, S. 133)
Gegen: Spinnmilben

Wesen: Eine der etwa 0,5 mm kleinen, roten Raubmilben frisst pro Tag etwa 20 Spinnmilbeneier oder fünf ausgewachsene Spinnmilben.

Hinweis: Die Phyton-Raummilben sind jene Milbenart, die sich am besten zum Bekämpfen von Spinnmilben eignet, da sie wahre Fressmaschinen sind. Sie sind nicht ganz so luftfeuchtigkeitsempfindlich wie andere Raubmilbenarten, benötigen allerdings immer noch über 65 Prozent, weshalb sie nur als radikale Anti-Spinnmilben-Kur im Hochsommer einzusetzen sind, sich jedoch nicht dauerhaft halten werden. Phyton-Raubmilben bevorzugen Temperaturen von über 18 °C und vermehren sich bei 22 °C doppelt so schnell wie Spinnmilben, wobei sie auch noch weit höhere Temperaturen aushalten. Verzichten Sie lieber auf eine lange Lebensdauer der Nützlinge zugunsten einer geringen Luftfeuchtigkeit!

Vorsicht: Raubmilbenbisse sind sehr unangenehm und können zu starken Hautrötungen und kleinen Ausschlägen führen. Arbeiten Sie ausschließlich mit Handschuhen!

Schlupfwespe – *Aphelinus abdominalis*
Gegen: Blattläuse

Wesen: Es gibt viele verschiedene Schlupfwespenarten, etwa 30 davon werden gezüchtet und verkauft, wobei die verschiedenen Unterarten auch verschiedene Schädlinge fressen. Die Schlupfwespenart *Aphelinus abdominalis* ähnelt einigen anderen sehr: Die Männchen sind vollkommen schwarz, die Weibchen haben ein gelbes Hinterteil. Mit einer Länge von nur 1 mm sind sie jedoch selbst für Schlupfwespen sehr klein. Die ausgewachsenen Tiere fressen ungefähr fünf bis zehn Blattläuse am Tag, was sie nicht außerordentlich effektiv erscheinen lässt. Das Weibchen jedoch legt in seiner einwöchigen Lebensdauer ihre Eier in etwa tausend Blattläuse, wodurch es sich als sehr guter Blattlausbekämpfer auszeichnet.

Hinweis: Diese Art benötigt es mit über 20 °C relativ warm und reagiert extrem unempfindlich auf geringe Luftfeuchtigkeit. Sie ist für Österreich laut Pflanzenschutzgesetz nicht zugelassen und daher auch nicht bestellbar.

Schlupfwespe Aphipar – *Aphidius colemani* (Abb. 74 bis 76)

Gegen: Blattläuse

Wesen: Weibliche Aphipar-Schlupfwespen sind 2 – 3 mm groß, haben einen vollkommen braun-schwarzen Körper und legen ihre Eier einzeln in bis zu 200 Blattläuse, die dann von innen aufgefressen werden. Nach ungefähr zehn Tagen verpuppen sich die Schlupfwespen-Larven noch in ihrem Wirt – der zu diesem Zeitpunkt bereits tot ist. Nachdem die jungen Schlupfwespen fünf Tage später ausgeschlüpft sind, bleiben leere, braune Blattlaushüllen zurück. Eine Schlupfwespe frisst in ihrem Leben 300 bis 500 Blattläuse.

Hinweise: Meine persönliche Empfehlung bei Blattlausproblemen, da sie sich bei Mindesttemperaturen von 15 °C und einer Luftfeuchtigkeit von 50 bis 60 Prozent hervorragend selbst vermehrt. Bitte beachten Sie jedoch die etwa zweiwöchige Inkubationszeit!

Abb. 74: Diese goldenen Kugeln sind tote Blattläuse, in deren Inneren eine Aphipar-Schlupfwespe heranwächst; **Abb. 75:** Die Schlupfwespe Aphipar wird in großer Zahl, meist in kleinen Plastikflaschen geliefert; **Abb. 76:** In der Nahaufnahme sind gut ihr dreigeteilter Körper und die langen Fühler erkennbar.

Schlupfwespe – *Aphidius ervi*

Gegen: Blattläuse

Wesen: Diese Schlupfwespenart ist mit einer Größe von drei bis fünf Millimetern relativ groß, durch ihre durchgehend braun-schwarze Färbung jedoch sehr unauffällig. Sie leben nur etwa eine Woche, jedoch legen die Weibchen in dieser Zeit etwa 200 einzelne Eier in 200 Blattläuse. Nach zwei Tagen schlüpfen die Schlupfwespenlarven in den Blattläusen und fressen diese innerhalb von zehn Tagen aus, bevor sie sich verpuppen und einige Tage später aus den toten Blattlaushüllen schlüpfen.

Hinweise: Diese Schlupfwespenart ist sehr unempfindlich, sowohl was die Temperatur anbelangt (ab 15 °C sind sie lebensfähig) als auch auf die Luftfeuchtigkeit bezogen. Außerdem bevorzugen sie eine lange Lichtperiode, weshalb sie besonders in Hanfplantagen gut gedeihen. Leider sind sie jedoch nur sehr selten im Handel erhältlich.

Siebenpunkt-Marienkäfer – *Coccinella septempunctata* (Abb. 77)

Gegen: Blattläuse, Spinnmilben

Abb. 77: Der heimische Siebenpunkt-Marienkäfer.

Wesen: Marienkäfer sind die bekanntesten und vielleicht sogar effektivsten Nützlinge im Kampf gegen Blattläuse, sie ernähren sich jedoch auch von anderen Schädlingen, wie zum Beispiel von Spinnmilben. Ein Marienkäferweibchen (5,5 – 8 mm) legt bis zu 400 Eier direkt neben die Blattläuse, meist auf die Blattunterseite. Jede daraus geschlüpfte grauviolette, rotgepunktete Larve frisst bis zu ihrer Weiterentwicklung (der Marienkäfer durchläuft vier Entwicklungsstadien) 400 Blattläuse. Nach 30 bis 60 Tagen ist die Entwicklung eines Marienkäfers abgeschlossen, so überleben sie bis zu zwölf Monate. In dieser Zeit frisst ein einzelner Marienkäfer mehrere Tausend Blattläuse!

Hinweise: Die roten Käfer mit sieben schwarzen Punkten (je drei auf den beiden Seiten und einem Punkt in der Mitte, direkt über dem Kopf) und schwarzem Kopf mit weißen Wangen sind heimisch und können im Garten oder in der freien Natur gesammelt werden. Natürlich können Marienkäferlarven auch gekauft werden, dann sollte jedoch darauf geachtet werden, dass es sich um den heimischen Siebenpunkt (Abb. 64) handelt und nicht um die asiatische Art *Harmonia axyridis,* die mittlerweile zu einer ernsten Bedrohung für die heimische Art geworden ist. Im Gegensatz zur heimischen Art weisen asiatische Marienkäfer viele verschiedene Farben auf (rot, orange, gelb, sogar schwarz mit gelben Punkten), die weißen Flecken auf seinem Kopf sind oft sehr groß, und vor allem hat er bis zu 19 Punkte am Rücken.

Übersicht

Nützlinge ▸ / **Schädlinge ▾**	Erzwespe Encon	Florfliegenlarven Chryson	Gallmückenlarven Aphidend	Gallmückenlarven Feltiella	Nematoden	Raubmilben Californicus	Raubmilbe Amblon	Raubmilben Phyton	Schlupfwespe Aphelinus	Schlupfwespe Aphipar	Schlupfwespe Aphidius	Siebenpunkt-Marienkäfer
Blattlaus		x	x						x	x	x	x
Spinnmilbe		x		x		x	x	x				x
Thripse		x				x	x					
Trauermücke					x							
Weiße Fliege	x											

Tabelle 4: Nützlinge und Schädlinge

… mittels Klebefallen

Nicht nur, dass sie der Schädlingsbekämpfung dienen, Klebefallen sind ein sehr guter Indikator dafür, welche fliegenden Schädlinge Sie in Ihrer Plantage haben – und in welchem Ausmaß. Leimfallen gibt es in verschiedenen Farbvarianten, dies dient jedoch nicht der

Abb. 78: Mindestens eine Gelb-, und eine Blautafel pro Lampe.

optischen Verschönerung, sondern als Unterscheidungsmerkmal. Unterschiedliche Farben bedeuten, dass sie unterschiedliche Schädlinge anziehen, wozu meistens künstliche Lockstoffe eingesetzt werden. In Hanfplantagen finden nur Gelb- und Blautafeln Verwendung. Gelbtafeln haben keinen Lockstoff, an ihnen fangen sich vor allem Weiße Fliegen, Trauermücken, Minierfliegen und große Fliegen, die zwar keinen Schaden in der Anlage anrichten und daher nicht als Schädlinge zu werten sind, jedoch sehr unangenehm riechen, wenn sie an den heißen Lampen verbrennen. Blautafeln jedoch sind mit einem Lockstoff für Thripse versehen, weshalb sie nicht nur der Schädlingskontrolle, sondern auch der Schädlingsbekämpfung dienen. Natürlich bleiben an Blautafeln nicht ausschließlich Thripse kleben. Wenn Sie sich beim Wechseln der Tafeln darüber wundern sollten, dass Sie nur Fliegen erkennen können, freuen Sie sich stattdessen über Ihre schädlingsfreie Anlage!

Ich hänge pro Lampe je ein bis zwei der pestizidfreien Fallen auf (Abb. 78) und wechsle sie je nach Schädlingsbefall alle paar Wochen, spätestens jedoch nach jeder Ernte. Hängen Sie die Klebefallen an den Lampenschirm und nicht in die Pflanzen, um ein Klebenbleiben der Blätter zu verhindern. Seien Sie beim Arbeiten an den Pflanzen achtsam: Diese Klebefallen sind ziemlich unangenehm in den Haaren!

… mittels mechanischer Pflege

Wie in der gesamten biologischen Landwirtschaft, kommt man auch beim Hanfanbau nicht umhin, auf mechanische Hilfsmittel zurückzugreifen, wenn man auf Chemikalien verzichten möchte. Dafür braucht es zunächst einmal vor allem ein gutes Auge und viel Aufmerksamkeit. Sehen Sie sich regelmäßig Ihre Pflanzen an, und zwar nicht nur oberflächlich: Sehen Sie sich auch die Blattunterseiten genau an und kontrollieren an Rückwänden oder in Ecken stehende Pflanzen extra, denn an diesen Stellen treten Schädlinge häufig zuerst auf. Kaufen

Sie sich ein Taschenmikroskop (erhältlich in jedem gut sortierten Growshop), um sich im Zweifelsfall das entdeckte Krabbeltier genauer anzusehen – schließlich ist nicht jedes Insekt in einer Hanfplantage ein Schädling. Sollten Sie tatsächlich Schädlingsbefall entdecken, zögern Sie nicht lange! Nehmen Sie ein Stück feuchte Küchenrolle (wird mit Gallseife gearbeitet, muss anschließend mit reinem Wasser nachgewischt werden!) und wischen Sie alle Tierchen weg. Sind einzelne Blätter extrem befallen, entfernen Sie diese. Ein Extra-Tipp: Entsorgen Sie die befallen Blätter und die verwendeten Papierstücke sofort außerhalb der Plantage. Lassen Sie den befallenen Müll auf keinen Fall bei den Pflanzen stehen – Weiße Fliegen, Spinnmilben und andere könnten flüchten und sich wieder auf Ihren Pflanzen niederlassen.

Entfernen Sie – unabhängig davon, ob Sie Schädlinge entdeckt haben oder nicht – bei Ihrem regelmäßigen Rundgang auch abgestorbene und welke Blätter, um den Schädlingen erst gar keine Chance zu geben. Manchmal ist ein mechanischer Eingriff unumgänglich, so zum Beispiel beim Auftreten von Grauschimmel! Diesen werden Sie am besten los, wenn Sie die befallenen Blüten umgehend entfernen (also bevor der Schimmel auf andere Pflanzen übergreifen kann) und anschließend unbedingt Maßnahmen ergreifen, um die Luftfeuchtigkeit in der Plantage zu senken.

Tipp:

Eine 1 – 2 cm dicke Schicht von pH-neutralem Sand auf jedem Topf schützt die Pflanzen vor Austrocknung und Schädlingen wie der Trauermücke.

Als besonders effektive Maßnahme im Kampf gegen in der Erde lebende Schädlinge, wie zum Beispiel die Larven der Trauermücke, hat sich das Auftragen von Sand in den Pflanzentöpfen erwiesen! Eine etwa 1 cm dicke Schicht auf jedem Topf genügt, um zum Beispiel Trauermücken daran zu hindern, ihre Eier in die Erde zu legen. Ein zusätzlicher Vorteil ist, dass der Sand Feuchtigkeit speichert und das schnelle Austrocknen der Erde verhindert. Achten Sie beim Kauf jedoch darauf, dass Sie einen pH-neutralen Sand nehmen, um Ihre Pflanzen nicht zu schädigen.

… mittels Aromatherapie

Duftstoffe beeinflussen Menschen, Tiere und auch Pflanzen – dies ist heute eine wissenschaftlich nachgewiesene Tatsache. Diese Erkenntnis kann man sich auch in der Marihuana-Zucht zunutze machen, da es bestimmte Düfte gibt, die Schädlinge nicht mögen. Insbesondere Thymian, Rosmarin, Lavendel und Anis sind den Spinnmilben und Blattläusen verhasst! Verwenden Sie ausschließlich ätherische Öle, am besten aus biologischer Produktion. Wenn Sie kein Problem mit der Luftfeuchtigkeit haben, stellen Sie eine oder mehrere kleine Schalen Wasser zwischen die Pflanzen und tropfen ein wenig Öl hinein, der Rest funktioniert über Verdampfung. Sollten Sie die Luftfeuchtigkeit jedoch nicht weiter in die Höhe treiben wollen, dann tropfen Sie das Öl einfach auf den Boden. Der Nachteil: Es verteilt sich weniger gut, man braucht mehr Öl und das kann teuer werden. **Vorsicht: Tropfen Sie niemals ätherische Öle auf Ihre Hanfpflanzen!** Die Pflanzen nehmen die Inhaltsstoffe über die Blätter auf und werden so vergiftet. Sie werden bereits nach wenigen Stunden große braune und verbrannte Flecken/Spritzer auf den Blättern entdecken, die sich zunehmend ausbreiten!

… mittels biologischer Schädlingsbekämpfungsmittel

Manchmal – vor allem in den heißen Sommermonaten – geht einfach nichts mehr ohne den Einsatz von etwas schneller wirkenden Mitteln. Insektizide dieser Art gibt es sowohl im Growshop als auch in Baumärkten, wobei meiner Erfahrung nach die meisten davon mehr Nach- als Vorteile mit sich bringen. Einiges ist vor ihrem Einsatz zu bedenken:

- Die meisten Schädlingsbekämpfungsmittel legen sich als Film auf die Blätter, verschließen damit zumindest kurzzeitig die Stomata, wodurch das Wachstum der Pflanzen verzögert wird.
- Schädlinge, die den Einsatz von Schädlingsbekämpfungsmitteln überleben, werden häufig immun gegen das eingesetzte Gift und geben diese Resistenz auch an ihre Nachkommen weiter! Ein häufiger Einsatz von Insektiziden führt also nur

zu schwieriger bekämpfbaren Schädlingen. Wechseln Sie daher nach jeder Anwendung das Produkt.
- Kaum ein Schädlingsbekämpfungsmittel ist dem Menschen zuträglich, verwenden Sie also nur Mittel, die für den Lebensmitteleinsatz gedacht sind und verzichten auf jeglichen Einsatz in den zwei Wochen vor der Ernte.
- Jedes Schädlingsbekämpfungsmittel, gleichgültig, ob biologisch oder konventionell, beschränkt seine Wirkung nicht nur auf Schädlinge, sondern wirkt sich auch auf Nützlinge aus! Der gleichzeitige Einsatz ist also reine Geldverschwendung. Achten Sie lieber auf die angegebene Wirkungsdauer des eingesetzten Mittels und bestellen rechtzeitig neue Nützlinge, sodass diese eintreffen, wenn das Gift keine Auswirkung mehr auf sie hat.

Ich habe verschiedene biologische Bekämpfungsmittel probiert, wirklich empfehlen kann ich allerdings nur zwei: Neemöl und Pyrethrum.

Neemöl ist eines der bekanntesten biologischen Schädlingsbekämpfungsmittel. Der insektizide Wirkstoff Azadirachtin wird aus dem Samenschrot des in Indien, Pakistan und Burma wachsenden Niembaums, auch Neembaum *(Azadirachta)* genannt, gewonnen. Bis heute sind nicht alle der über hundert chemischen Inhaltsstoffe identifiziert, seine starke Wirkung gegen Schädlinge ist jedoch gut bekannt. Neemöl hindert Insekten daran, sich zu häuten, sich fortzupflanzen und die befallenen Pflanzen anzufressen. Neemöl wird heute von verschiedenen Herstellern angeboten und wirkt gegen Blattläuse, Spinnmilben und die meisten anderen Insekten! Seien Sie sich also bewusst darüber, dass Neemöl nicht nur Lästlinge, sondern auch Nützlinge tötet! Außerdem versprechen die Hersteller, dass keine Gewöhnung der Schädlinge an das Mittel stattfindet – diese Aussage kann ich durch meine Erfahrung **nicht** bestätigen! Sollten Sie sich also für den Einsatz von einem auf Neemöl basierenden Mittel entscheiden, so wechseln Sie auch bei diesem Produkt regelmäßig den Hersteller.

Pyrethrum hat sich nach meiner Meinung als **das** biologische Schädlingsbekämpfungsmittel bewiesen. Es hat den größten Nutzen mit den geringsten Nebenwirkungen! Es wird aus Chrysanthemenblüten hergestellt, ist rein biologisch und sowohl für den biologischen Landbau als auch für das Lebensmittelgewerbe zugelassen, da es nach §16 des Lebensmittel- und Verbraucherschutzgesetzes (Österreich) verkehrsfähig ist. Es handelt sich dabei um ein Kontaktgift, das für alle Kaltblüter, also Insekten jeglicher Art, aber auch für Fische tödlich, für Warmblüter (also auch Säugetiere) jedoch unbedenklich ist. Erfahrungsgemäß hilft es tatsächlich gegen alle Insekten: Fliegen, jede Art von Läusen und Milben (außer Schildläuse), Motten, Schaben und so weiter, sodass man den Schädlingen tatsächlich dabei zusehen kann, wie sie tot von den Blättern fallen, sobald sie besprüht wurden! Angeblich ist das Mittel so unbedenklich, dass es zur Flohbekämpfung sogar direkt auf Katzen und Hunde gesprüht werden kann – ich verwende trotzdem Handschuhe. Für die Anwendung ist Folgendes wichtig: Besprühen Sie die Pflanzen, auch die Blattunterseiten und die Umgebung (Wände, Unterlage, Lampen), kurz bevor Ihre Anlage auf Nachtbetrieb umschaltet, da Pyrethrum nicht UV-beständig ist, sich also bei vollem Licht sehr schnell abbaut. Außerdem sollten Sie das Ventilationssystem für mindestens zwei Stunden nach der Anwendung außer Betrieb nehmen, damit das eingesetzte Mittel nicht sofort wieder nach draußen gepustet wird. Denken Sie anschließend jedoch unbedingt wieder an das Anschalten der Anlage, um Folgeschäden an den Pflanzen durch CO_2-Mangel zu vermeiden. Ich empfehle den Einsatz von fertigen Flüssigmitteln. Ein Liter reicht laut Herstellerangaben für rund 30 m^2 aus, wollen Sie jedoch alles gründlich einsprühen, empfehle ich, einen Liter für 10 m^2 vorzusehen. Eine unverbindliche Empfehlung für Österreich: Das Produkt «UNIVERSAL Insektenschutz Insecticide 2000» ist in beinahe jeder Apotheke Österreichs problemlos erhältlich. Es wird bereits seit 20 Jahren in Österreich hergestellt und ist in 0,5-Liter- und 1-Liter-Sprühflaschen für rund 22 Euro pro Liter sowie in 5-Liter-, 10-Liter- und 20-Liter-Kanistern erhältlich.

... zum richtigen Zeitpunkt

Das Ausbringen von Nützlingen und der Einsatz von Schädlingsbekämpfungsmitteln an den «richtigen» Tagen schont nicht nur die

Pflanzen, sondern soll vor allem die Wirksamkeit der verwendeten Methoden fördern. Je nachdem, ob Schädlinge auf den Pflanzen oder in der Erde bekämpft werden sollen, werden unterschiedliche Tage zur Bekämpfung empfohlen.

gegen oberirdische Schädlinge

+++ abnehmender Mond im Krebs
+ abnehmender Mond, immer Zwilling bis Schütze
- zunehmender Mond

gegen Schädlinge in der Erde

+++ abnehmender Mond im Stier, Zwilling und Steinbock
+ abnehmender Mond
- zunehmender Mond

Schädlinge identifizieren

Nachfolgend werden die in Cannabisplantagen am häufigsten vorkommenden Schädlinge beschrieben. Seien Sie sich jedoch bewusst, dass es noch wesentlich mehr gibt. Sollten Sie die in Ihrer Anlage auftretenden Probleme in dieser Auflistung nicht finden, informieren Sie sich auch noch über andere Schädlingsarten und ziehen Sie eventuell Mangelerscheinungen oder Pilzerkrankungen in Betracht, die in diesem Buch nicht weiter erläutert werden. Hierfür empfehle ich die Lektüre von Jorge Cervantes *Marihuana drinnen* sowie das Studium der Website der Firma Biohelp (www.biohelp.at).

Blattlaus – *Aphidina* (Abb. 79)

Die Blattlaus ist ein Gliederfüßer und zählt zu den Pflanzenläusen. Weltweit gibt es mehrere Tausend verschiedene Arten von Blattläusen, in Europa sind es etwa 800. Sie zählen aufgrund ihres epidemieartigen Auftretens zu den bekanntesten und verbreitetsten Schädlingsarten. Sie treten auf beinahe allen Zier- und Nutzpflanzen auf, wobei sie die Unterseite von Blättern, Blattachseln und von Blättern bedeckte

Stängel bevorzugen, wo sie mit ihrem Rüssel zwischen die Zellwände stechen und den Zellsaft trinken. Aufgrund des starken Pestizideinsatzes in den vergangenen Jahren haben sich viele Blattläuse bereits an die gängigsten Schädlingsbekämpfungsmittel angepasst, mit ein Grund, weshalb sie auch in der Landwirtschaft zunehmend zu einem Problem werden.

Sie scheiden zuckerhaltige Exkremente aus, den sogenannten Honigtau, der nicht nur Fraßfeinde anlockt, sondern zum Beispiel auch Ameisen. Blattläuse leben häufig in Symbiose mit Ameisen und werden von ihnen gepflegt, verteidigt und bewusst verbreitet, wofür die Ameisen im Gegenzug den Honigtau ernten und fressen. Aus diesem Grund ist es in jeder Hanfplantage von besonderer Wichtigkeit, Ameisen keine Chance zu lassen! Das Anstechen der Pflanzen schwächt sie und führt zum Einrollen der Blätter bis hin zur Verkümmerung von Trieben. Außerdem schafft die Kombination aus Honigtau und Anstichstellen die perfekte Umgebung für Pilzkulturen. So kann sich zum Beispiel Mehltau oder der Rußtaupilz als Folgeerscheinung von Blattläusen in einer Plantage ansiedeln. Damit stellen sie in mehrerer Hinsicht eine Bedrohung für jeden Hanfgrower dar.

Blattläuse können in ihrem Aussehen auch innerhalb einer Art stark divergieren: Sie sind zwischen 1 – 7 mm klein, haben meistens sechs Beine und zwei Fühler und können in den Farben grün, rot, gelb, grau, braun oder schwarz auftreten. Manche von ihnen entwickeln Flügel, besonders dann, wenn Nahrungsmangel einsetzt, und sie neue Beutefelder suchen. Aber da dies nicht auf alle zutrifft, ist die Unterscheidung von der Weißen Fliege oft schwierig.

Abb. 79: Blattläuse

Blattläuse vermehren sich heterogen. Dies bedeutet, dass sie sich sowohl durch Lebendgeburten vermehren können, indem sie bis zu fünf Klone am Tag von sich selbst produzieren als auch, dass die Weibchen bei ausreichender Hitze 40 bis 100 Eier ablegen, die nach 7 bis 14 Tagen schlüpfen. Blattläuse bevorzugen ein heißes, trockenes Klima, weshalb die Temperaturkontrolle eine besonders große Rolle spielt. Pflanzen, die an Wassermangel leiden, sind besonders anfällig für Blattläuse – achten Sie daher auf Ihren Gieß-Rhythmus. Außerdem kann versucht werden, die Luftfeuchtigkeit durch Versprühen von Wasser zu erhöhen – in diesem Zusammenhang lässt sich der Einsatz von ätherischen Ölen zur Schädlingsbekämpfung nur empfehlen. Aber Vorsicht! Sie sollten die Luftfeuchtigkeit nicht über 60 Prozent steigern, da Sie sonst Schimmelkulturen anlocken!

Nützlinge: Florfliegenlarven Chryson (*Chrysopa carnea*), Gallmückenlarven Aphidend (*Aphidoletes aphidimyza*), Schlupfwespe Aphelinus (*Aphelinus abdominalis*), Schlupfwespe Aphipar (*Aphidius colemani*), Schlupfwespe Aphidius (*Aphidius ervi*), Siebenpunkt-Marienkäfer (*Coccinélla septempunctata*)

Botrytis-Blütenfäule, Grauschimmelfäule – *Botrytis cinérea*

(Abb. 80)

Neben Mehltau ist *Botrytis* der sich für Hanfplantagen am verheerendsten auswirkende Schimmelbefall. Der Schimmelpilz befällt die Hanfblüten und verursacht zunächst kleine braune und vertrocknete Stellen, die zunächst den Eindruck erwecken, als wären sie einfach vertrocknet oder verbrannt, weil Blütenspitzen zu nahe an die Lampe gekommen sind. Erst später, wenn man die Blüten erntet und putzt, fällt einem auf, dass das Innere der Blüte mit weißen Schimmelpilzgeflechten durchzogen ist. **Rauchen Sie diese Blüten auf keinen Fall!** Schimmelsporen können schwere Erkrankungen hervorrufen, dies gilt vor allem auch dann, wenn sie die Pilze direkt inhalieren. Die befallenen Blüten lassen sich ausschließlich noch zur Ölproduktion verwenden (siehe Kapitel *THC-Öl*, S. 165)!

Verursacht wird Grauschimmelfäule immer durch eine zu hohe Luftfeuchtigkeit und zu geringe Durchlüftung der Pflanzen. Achten Sie daher besonders darauf, dass die Luftfeuchtigkeit nie über 60 Prozent steigt, besser noch, sie bleibt bei etwa 50 Prozent. Haben Sie eine braune Blüte gefunden, muss deswegen (im Gegensatz zum Mehltau), nicht die gesamte Pflanze entfernt werden, meistens reicht es, wenn man die verfaulenden Blüten wegschneidet. Beseitigen Sie dann jedoch auf jeden Fall die Ursache für den Schimmelbefall!

Echter Mehltau – *Erysíphe cichoraceárum* (Abb. 81 und 82)

Eine der am meisten gefürchtetsten Schimmelarten in Hanfplantagen ist der Echte Mehltau. Auf den Blattoberseiten bilden sich zunächst kleine Flecken, die sich zu einem weißen, mehligen Belag ausweiten. Der Echte Mehltau führt zunächst zu Wachstumsstörungen und schließlich zum Tod der befallenen Pflanze. Da die Infektion bereits Wochen vor den ersten Erkrankungsymptomen stattfindet, ist es für Gegenmaßnahmen dann schon zu spät. Entdecken Sie also Mehltau auf einer Ihrer Pflanzen, entfernen Sie die gesamte Staude **augenblicklich** aus Ihrer Anlage, schneiden Sie die Stiele zusammen und verbrennen Sie das gesamte Material oder vergraben es in einer Tiefe von mindestens 50 – 100 cm. Waschen Sie sich anschließend gründlich und wechseln Sie zusätzlich die Kleidung, um den Rest der Anlage nicht wieder zu kontaminieren. Seien Sie in den nächsten Tagen besonders aufmerksam: Durch die lange Inkubationszeit ist häufig mehr als nur eine Pflanze befallen. Es gibt Grower, die aufgrund einer Mehltauinfektion ihren gesamten Bestand vernichten mussten!

Abb. 80: Grauschimmelfäule, Botrytis cinérea; **Abb. 81:** Echter Mehltau ist zunächst an kleinen, weißen Flecken auf den Blättern erkennbar; **Abb. 82:** Erst langsam verbreitet sich der Pilz als mehliger Film über das gesamte Blatt.

Gegen Mehltau gibt es kaum ein biologisches Bekämpfungsmittel, einzig das Fungizid Serenade, ein Bakterium namens *Bacillus subtilis*, soll angeblich dagegen helfen – Erfahrungsberichte kenne ich jedoch keine. Einschleppen kann man sich den Pilz schnell: Einmal an den mit Echtem Mehltau befallenen Rosen im Garten entlangstreifen und anschließend die Plantage betreten, reicht da oft schon! Ob der Pilz sich jedoch festsetzt und verbreitet, hängt von den vorbeugenden Maßnahmen ab, die Sie getroffen haben: Stellen Sie die Pflanzen nicht zu dicht und drapieren Sie ausreichend Standventilatoren in der Anlage, um eine gute Belüftung auch zwischen den Pflanzen zu gewährleisten. Unter diesen Umständen hat Mehltau wenig Chancen, da er sich vor allem bei trockenen Wurzeln, feuchten Blättern und wenig Licht ausbreitet.

Spinnmilben – *Tetranychus urticae* (Abb. 83 und 84)

Spinnmilben sind auf der gesamten Welt verbreitet und befallen mehrere Hundert verschiedene Pflanzenarten, darunter auch den Hanf. Die bekanntesten Arten bei uns sind die Rote Spinnmilbe (*Panonychus ulmi*) und die Gemeine Spinnmilbe (*Tetranychus urticae*). Vor allem Letztere trifft man häufig in Plantagen an – sie ist es auch, die die namensgebenden Spinnfäden erzeugen kann (Abb. 83).

Abb. 83: Die Gemeine Spinnmilbe Tetranychus urticae; **Abb. 84:** Diese Pflanze hat unter einem starken Spinnmilbenbefall gelitten: Erkennbar sind die typischen, gelben Sprenkel, wie auch die Spinnnetze zwischen den Blattspitzen.

Die Spinnentiere sind nur etwa 0,5 mm groß und meist grün-gelblich gefärbt, manchmal allerdings auch rot. In den 14 Tagen, die Spinnmilben zur Entwicklung vom Ei bis zur ausgewachsenen Milbe benötigen (jedes Weibchen legt etwa 90 Eier), durchlaufen sie vier Larvenstadien. Im ausgewachsenen Zustand leben sie noch zwei bis fünf Wochen. Nur die in Pflanzen oder Erde überwinternden Weibchen leben länger.

Spinnmilben durchstechen mit ihrem Rüssel die Zellwände von Pflanzen und saugen an den Blattunterseiten (bei starkem Befall auch an der Oberseite) den Zellsaft aus. Die Blätter haben gelbliche Sprenkel (Abb. 84) – meist sieht man dieses markante Muster, bevor man den Spinnmilbenbefall überhaupt bemerkt hat. Wird der Schädlingsdruck größer, vergilben die Blätter und fallen ab. Die Spinnmilben spinnen die Pflanzenspitzen ein – im Marihuana-Anbau also die Blattspitzen und die Blüten –, um sich darin geschützt und ungehindert fortzupflanzen. Werden es zu viele Spinnmilben, beginnen sie, sich in kleinen Trauben zu sammeln und an langen Fäden abzuseilen. Entweder sie landen auf tiefergelegenen Blättern oder der Wind (bzw. der Luftzug des Ventilators) verteilt sie auf umliegende Pflanzen. Auf diese Art und Weise verbreitet sich die Spinnmilbe innerhalb einer Plantage rasant. Das Anstechen der Zellwände und das Aussaugen der Pflanzensäfte belastet und schwächt die Pflanzen sehr, macht sie anfällig für andere Krankheiten und Schädlinge und führt zu einem vorzeitigen Einstellen des Blütenwachstums. Cannabis-Ernten können auf diese Weise auf bis gerade noch 150 Gramm pro Lampe geschmälert werden! Die Spinnmilbe ist also ein sehr ernstzunehmender Schädling!

Spinnmilben lieben es heiß und trocken – überprüfen Sie deshalb zunächst die Temperatur und die Luftfeuchtigkeit in Ihrer Anlage. Sind die Außentemperaturen niedrig (also zwischen 0 und 15 °C), können Sie die stark befallenen Pflanzen über Nacht hinausstellen, sodass die Milben erfrieren – achten Sie jedoch auf die Geruchsbelastung! Sind die Pflanzen noch in einem frühen Blühstadium, können Sie diese auch unter der Dusche oder mit einem Gartenschlauch mit Brause gründlich abwaschen. Achten Sie dabei besonders auf die Unterseite der Blätter! Stehen die Pflanzen schon zu stark in der Blüte und können wegen akuter Schimmelgefahr nicht mehr gewaschen werden, müssen Sie trotzdem dringend etwas gegen die Spinnmilben tun. Ich empfehle das regelmäßige (also tägliche!) Abwischen der Blätter, Blüten und Astachsen mit einem feuchten Küchentuch. Achten Sie auch hierbei besonders auf die Netze der Spinnmilben und die Unterseiten der Blätter. Außerdem hat sich der Einsatz von Nützlingen im Kampf gegen die Spinnmilben sehr bewährt. Bestellen Sie am besten, sobald Sie die ersten, typischen gelben Punkte auf den Blättern bemerken, nicht erst dann, wenn die Blüten eingesponnen sind!

Nützlinge: Florfliegenlarven Chryson (*Chrysopa carnea*), Gallmückenlarven Fektiella (*Feltiella acarisuga*), Raubmilben Californicus (*Amblyseius californicus*), Raubmilben Amblon (*Amblyseius cucumeris*), Raubmilben Phyton (*Phytoseiulus persimilis*), Siebenpunkt-Marienkäfer (*Coccinélla septempunctata*)

Thripse – *Thysanoptera* (Abb. 85, S. 150)

Es gibt weltweit mehr als 5 500, europaweit etwa 400 verschiedene Arten von Thripsen. Ausgewachsene Tiere sind 0,8 – 1,5 mm klein und treten aufgrund der vielen verschiedenen Arten auch in verschiedenen Farbvarianten auf: Braun, gelb, grau, schwarz und weiß kommen am häufigsten vor. Den ebenfalls gebräuchlichen Namen «Fransenflügler» haben sie der ausgefransten Form ihrer Flügel zu verdanken, wobei auch flügellose Generationen auftreten können. Sie ernähren sich von Pflanzensäften, die sie durch das Aufbeißen von Blatt-, Stengel-, und Blütenzellen gewinnen. Das Weibchen legt in dieselben Zellen zwischen 24 und 200 Eier, die nach zwei bis 20 Tagen (temperaturabhängig!) schlüpfen, dies kann auch durch Jungfernzeugung (also ohne männlichen Beitrag) geschehen. Thripse durchleben vier unterschiedliche Entwicklungsstadien: In den ersten beiden sind sie noch mobile Larven und ernähren sich etwa sechs Tage lang genauso wie ihre Eltern. Danach ziehen sie sich in die Erde zurück, wo sie die letzten beiden Stadien als Puppen durchleben. Die Entwicklungsdauer von Thripsen ist extrem stark von der Temperatur abhängig: Benötigen sie bei 15 °C noch 44 Tage, reduziert sich die Entwicklungsdauer bei 20 °C bereits auf 22 Tage und liegt bei 25 °C nur noch bei 16 Tagen. Sind Thripse einmal in einer Hanfplantage vorhanden, wird man also durch das Regulieren der Temperatur zwar ihre Entwicklungsdauer verlängern und dadurch eine Populationsexplosion verhindern können, ganz verschwinden werden sie dadurch jedoch nicht. Hier helfen Blautafeln sowie das Aufbringen einer Sandschicht auf die Erde sehr gut!

Fransenflügler zählen zu solchen Schädlingen, die in beinahe all ihren Entwicklungsstadien die Pflanzen schädigen. Da die Tiere sehr klein sind, werden sie auch leicht übersehen. Auffällig sind jedoch ihre Fraßschäden: Die ausgesaugten Zellen bleiben hell und leer zurück, wodurch man die Bissstellen als silbrig glänzende Verfärbungen erkennen kann. Vorsicht: Hier besteht Verwechslungsgefahr mit den Fraßschäden von Spinnmilben! Man kann sie jedoch an den hinterlassenen kleinen schwarzen Kotpunkten erkennen, die bei einem Spinnmilbenbefall nie zu finden sind. Besonders lästig sind Thripse zudem, weil sie Viren- und Pilzbefall begünstigen können.

Gleichzeitig gibt es auch drei Fransenflügler-Gattungen, die sich räuberisch ernähren und als Nützlinge gegen Schildläuse und andere Thripse eingesetzt werden können!

Nützlinge: Florfliegenlarven Chryson (*Chrysopa carnea*), Raubmilben Californicus (*Amblyseius californicus*), Raubmilben Amblon (*Amblyseius cucumeris*)

Abb. 85: Thripse: adulte Thysanoptera («Thrips») und Nymphe (=Larve) auf einer Zitruspflanze; **Abb. 86:** Lebende Trauermücke am Topfrand; **Abb. 87:** Diese Trauermücke wurde in einer Klebefalle gefangen.

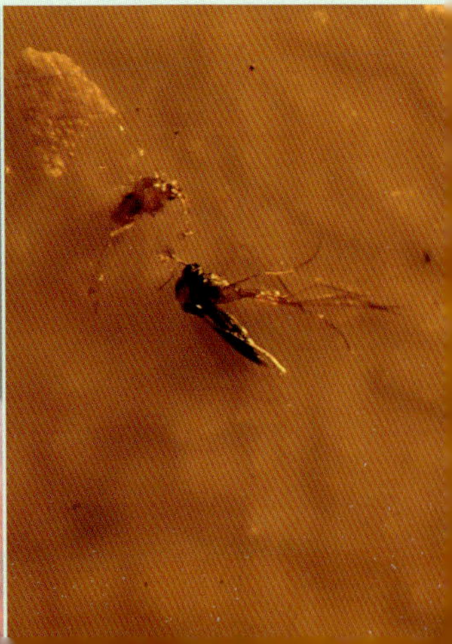

Trauermücken – *Sciaridae* (Abb. 86 und 87)
Allein in Europa gibt es über 600 verschiedene Trauermückenarten. Sie sind nur etwa 2 – 4 mm groß, schwarz oder grau gefärbt und erinnern vom Aussehen stark an Fruchtfliegen oder Mücken. Im Gegensatz zu den meisten anderen Schädlingen, die in Hanfplantagen gehäuft auftreten, bevorzugen Trauermücken ein tropisches Klima, also warm und feucht! Die Weibchen legen bis zu 200 kleine weiße Eier in die Erde, wo nach fünf bis acht Tagen etwa 5 mm lange, beinahe durchsichtige Larven schlüpfen. Sie sehen eher aus wie Maden oder Würmer, werden jedoch kaum gesehen, da die Trauermücken diese Entwicklungsphase ausschließlich in der Erde verbringen, wo sie vor allem die feinen Faserwurzeln der Pflanzen fressen. Manchmal werden auch Hauptwurzeln beschädigt, wodurch vor allem Jungpflanzen eingehen können. Durch die so angerichtete Beschädigung und Schwächung der Pflanzen kann es zu Sekundärerkrankungen, vor allem zu Pilzbefall, kommen. Nach etwa 13 Tagen verpuppen sich die Larven. Die ausgeschlüpften Trauermücken leben im Normalfall fünf bis sieben Tage lang, liegt die Raumtemperatur jedoch über 25 °C, verlängert sich ihre Lebensdauer auf bis zu 23 Tage! Zwar verursachen die Fliegen selbst keinen Schaden mehr, jedoch können sie während dieser verlängerten Lebensdauer ein Vielfaches des normalen Nachwuchses erzeugen!

Gerade gegen Trauermücken können Vorsorgemaßnahmen getroffen werden: Beschichten Sie jeden Topf mit einer ein bis zwei Zentimeter dicken Sandschicht (pH-neutraler Sand ist ein Muss!), dies schützt die Erde vor Austrocknung und verhindert, dass die Trauermücken ihre Eier in die feuchte Erde legen können. Gelbtafeln dienen der Befallskontrolle: Kleben viele kleine Mücken darauf, sollten Sie umgehend Nematoden gegen Trauermücken bestellen, da der Wurzelfraß zu einer starken Schwächung der Pflanzen führen kann.

Nützlinge: Nematoden (*Steinernema feltiae*)

Weiße Fliege – *Trialeurodes vaporariorum* (Abb. 88, S. 151)
Unter dem Begriff «Weiße Fliege», auch Mottenschildlaus genannt, werden rund 1100 verschiedene Arten zusammengefasst – und das

nur in Europa. Die in (Hanf-)Plantagen vorkommende Art heißt eigentlich «Gewächshaus-Weiße-Fliege» und wird häufig mit der Blattlaus verwechselt. Sie werden 1 – 2 mm lang, sind gelblich bis hellgrün gefärbt und verdanken ihren Namen den mit Wachsstaub weiß gefärbten Flügeln, die bis zu fünf Millimeter lang werden. Jedoch können sie sich nicht nur fliegend fortbewegen, sie haben zusätzlich auch noch Sprungbeine, durch die sie sich fortkatapultieren können.

Die ausgewachsenen Weißen Fliegen ernähren sich vom Zellsaft der Pflanzen, es ist jedoch der von ihnen abgegebene Honigtau, der sie zu wirklichen Schädlingen macht. Diese zuckerhaltige Lösung bietet nämlich einen perfekten Nährboden für verschiedene Schimmelkulturen. Außerdem legen die Weibchen an die Pflanzenstiele pro Tag vier bis sieben, in ihrem gesamten Leben bis zu 400 kleine, nur etwa 0,1 mm lange, gelbgrüne, stielähnliche Eier ab. Die daraus schlüpfenden Larven wandern zu den Blattunterseiten, wo sie die folgenden drei Stadien ihrer Entwicklung festsitzend unter einer kleinen, aber dicken Wachsschicht verbringen und sich von den Pflanzensäften ernähren, wodurch sie ihre Wirte sehr schwächen können. In diesen Stadien sind sie leicht mit Schildläusen zu verwechseln. Kurz nach der Verpuppung schlüpft dann die neue Generation Weißer Fliegen. Ihre Entwicklungsdauer beträgt je nach Temperatur ein bis zwei Monate, ausgewachsen leben Weiße Fliegen etwa einen Monat. Da die Mottenschildläuse ursprünglich aus Mittelamerika stammen, vertragen sie keine Temperaturen unter 0 °C, Gewächshäuser und Plantagen bieten jedoch ganzjährig eine perfekte Umgebung für sie.

Abb. 88: Weiße Fliegen

Nützlinge: Erzwespe Encon (*Encarsia formosa*)

Für Informationen über weitere Schädlings- und Schimmelarten (die meiner Erfahrung nach in Hanfplantagen jedoch nur äußerst selten auftreten), empfehle ich Jorge Cervantes *Marihuana drinnen*.

Ernte und Lagerung

Der Arbeitsschritt, der den meisten Growern wohl die größte Freude bereitet, ist das Ernten! Nachdem die Cannabisblüten getrocknet sind, wird die viele Liebesmüh nach all den Wochen der Hege und Pflege endlich belohnt. Wer freut sich darauf nicht? Doch bevor man nun in den Genuss des selbstgezogenen Rauchs kommt, wollen noch einige Handgriffe getan werden.

Wenn ich ernte, dann tue ich dies schnell und mit viel Dankbarkeit. Dies ist natürlich weder etwas, das in den Anbaubüchern vermittelt wird, noch etwas, das man erzwingen kann. Doch mir – und vielleicht ist dies einfach eine individuelle Marotte, vielleicht hat es jedoch auch Teil einer ganzheitlichen Einstellung – ist es wichtig, für das dankbar zu sein, was einem gegeben wird. Und jede Marihuanapflanze, die geerntet wird, gibt dafür ihr Leben. Soweit zu meinem kleinen Moralappell. Nun zur praktischen Seite:

Natürlich gibt es bei der Ernte wie auch bei der Trocknung der Pflanzen viele verschiedene Herangehensweisen, die alle Vor- und Nachteile mit sich bringen. Im Folgenden beschreibe ich wiederum meine persönliche Arbeitsweise. Fühlen Sie sich jedoch dazu animiert, verschiedene Techniken auszuprobieren, um sich selbst ein Bild von deren Praktikabilität zu machen.

Wenn Sie ihre Marihuanapflanzen ernten, dann tun Sie dies mit einem Schnitt mittels Gartenschere, ganz unten, direkt über dem Wurzelansatz. Die Wurzelballen werden grob von der Erde befreit und können im (Gemüse-)Garten oder für Topfpflanzen hervorragend wiederverwendet werden, vorausgesetzt, dass ein Substrat verwendet wurde, in dem kein Perlit enthalten ist (siehe S. 63). Danach folgt der Grobputz. Zerschneiden Sie die Pflanze so, dass Sie möglichst viel vom dicken Stamm entfernen und trotzdem einen Haken oder einen ausreichend dicken Ast belassen, an dem Sie die Pflanzenteile nachher aufhängen zu können (Abb. 88). Ich hänge nie die gesamte Pflanze auf, da es auf diese Weise wesentlich länger dauert, bis die Blüten trocken sind. Beim Grobputz versucht man nämlich, möglichst viele der Teile zu entfernen, die am meisten Flüssigkeit enthalten, wie eben zum Beispiel den Stamm und die Deckblätter. Anschließend hänge ich die Äste einer Pflanze jeweils auf einen Kleiderbügel (das Aufbinden an Schnüren ist mir schlichtweg zu zeitaufwendig), binde ein Tuch zum Schutz vor Staub und anderen Verschmutzungen darum, versehe das Ganze mit einem Schild zur Sortenbeschriftung und hänge den Bügel – je nach bisherigem Stadium der Trocknung sowie den herrschenden Temperaturen – für zwei bis vier Tage zum Trocknen an einen sicheren Ort (Abb. 89). «Sicher» bezieht sich dabei auf blick- und geruchssicher, da die aufgehängten Marihuanablüten stark riechen. Der gewählte Ort sollte außerdem möglichst dunkel und eher warm sein, auf jeden Fall jedoch frei von hoher Luftfeuchtigkeit, um das Schimmeln der Pflanzenteile auch noch in diesem Stadium zu verhindern. Ist der Trocknungsprozess ausreichend fortgeschritten (die Blüten und verbliebenen kleinen Blätter fühlen sich trocken an, sind jedoch noch nicht so staubtrocken, dass sie beim ersten Anfassen zerbröseln), folgt der Feinputz bzw. die Maniküre: Mit einer kleinen Schere (Nagelschere oder spezielle Feinputzschere) schneide ich nun alle übrigen Blätter ab, die man anschließend nicht mitrauchen möchte. Diese sammle ich extra und verarbeite sie zum Teil weiter (siehe *Das Plus am Biogras*, S. 18). Außerdem bleiben bei diesem Feinputz (je nach Qualität der geernteten Blüten) viele THC-Kristalle an den Fingern kleben. Wenn man diese vorsichtig abreibt, sammelt und zusammenrollt, hat man wunderbares, selbsterzeugtes Hasch, sogenanntes Fingerdope! Ich empfehle: sammeln und rauchen! Es schmeckt gut, verursacht meistens einen geringeren Hustenreiz als gekauftes Dope. Es wirkt muskulär entspannend, wodurch es auch krampflösend ist (meine persönliche Empfehlung gegen Regelschmerzen!). THC ist nicht wasser-, sondern fettlöslich! Daher hat das Abwaschen der Hände keinen Sinn. Cremen Sie Ihre Finger hingegen mit etwas Butter oder Olivenöl ein, werden sich die Kristalle problemlos lösen. Wenn Sie Ihre Finger anschließend abschlecken, haben Sie zusätzlich noch einen extra guten Turn. Selbiges Prinzip gilt natürlich auch für die verwendeten Putzscheren: Tropfen Sie einfach etwas Olivenöl auf die Scherenklingen und bewahren Sie sie in einem Plastiksäckchen auf. Bevor Sie mit der nächsten Putzaktion beginnen, können Sie das gelöste Dope einfach von der Klinge wischen. So verhindern Sie das Verkleben der Scheren und werden länger mit ihnen arbeiten können.

Das geerntete Cannabis muss nun meist nochmals für ein bis zwei, manchmal sogar drei Tage zum Nachtrocknen ausgelegt werden. Dabei verwende ich kleine Kartonuntertassen, wie man sie zum Beispiel unter Getränke- und Tierfutterpaletten findet. Mit Trockennetzen habe ich keine gute Erfahrung gemacht, da an dem Netz zuviel Marihuana bzw. dessen THC-Kristalle kleben- und hängenbleiben. Die Kartonpaletten haben den Vorteil, dass das getrocknete Gras nicht leicht herausfallen, aber auch nicht daran hängenbleiben kann und der Karton abgegebene Feuchtigkeit aufnimmt, wodurch die Wahrscheinlichkeit des Schimmelns verringert wird. Aus demselben Grund dürfen die Buds nicht übereinander liegen. Die befüllten Kartons sollten an einem lichtgeschützten, eher warmen Ort aufgestellt werden. Jeden Tag kontrolliere ich die ausgelegten Marihuanablüten auf ihren Feuchtigkeitsgehalt und nutze die Gelegenheit, sie etwas durchzumischen, sodass die Blüten immer auf einer anderen Seite auf dem Karton aufliegen, damit sie besser trocknen. Der Trocknungsvorgang dauert weitere zwei bis vier Tage.

Erst dann packe ich das fertig manikürte Cannabis endgültig in Gefäße ab. Achten Sie aufgrund der Geruchsbelastung unbedingt darauf,

Abb. 89: Aufgehängte Cannabisblüten nach dem Grobputz; **Abb. 90:** Zum Schutz vor Staub werden die zu trocknenden Blüten abgedeckt.

> **Tipp:**
>
> Tropfen Sie nach getaner Arbeit die Klingen der Putzscheren mit etwas Olivenöl ein und verstauen Sie sie in einem kleinen Plastikbeutel, so verkleben die Klingen nicht.

dass diese luftdicht sind! Geeignet sind Plastikbehälter oder besser noch: große Einmachgläser mit Schraubverschluss oder Gummidichtung. Kontrollieren Sie nach einem Tag unbedingt die Feuchtigkeit in dem Gefäß, da das geerntete Marihuana manchmal noch aus den Stengeln nachfeuchtet. Ist dies der Fall, und wird nicht entdeckt, kann es schnell zu Schimmelbildung kommen! **Vorsicht:** Sollte Ihnen jemals Marihuana verschimmeln, rauchen Sie es auf keinen Fall! Schimmelsporen in der Lunge können großen Schaden verursachen! Wollen Sie es nicht wegwerfen, so können Sie immer noch Öl daraus gewinnen (siehe ebenfalls Kapitel *THC-Öl*, S. 165).

Ist das Cannabis endgültig getrocknet, kann es endlich verantwortungsvoll genossen werden oder für spätere Zeitpunkte eingelagert werden. Ich wünsche Ihnen viel Spaß damit und gratuliere zum erfolgreichen Anbau!

Zum richtigen Zeitpunkt ernten

Das Ernten an Lufttagen trägt zur rascheren Trocknung der Blüten bei und vermindert die Gefahr von Schimmelbildung. Gleichzeitig sind die angegebenen Tage besonders günstig, um neue Pflanzen unter die Blühlampe zu stellen, da dann das zukünftige Blütenwachstum besonders gefördert wird.

+++ zunehmender Mond in Zwilling oder Waage
+ immer im Skorpion, immer im zunehmenden Mond außer bei Jungfrau und Fisch
- im abnehmenden Mond, immer bei Jungfrau, Krebs, Fisch und Schütze

Zum richtigen Zeitpunkt putzen und einlagern

Die an «guten» Tagen eingelagerten Blüten schimmeln nicht so leicht, halten sich länger und weisen eine besonders gute Wirkung auf. Das Einlagern an Wassertagen verschlechtert ihre Haltbarkeit massiv und erhöht das Schimmelrisiko.

+++ abnehmender Mond in Zwilling, Waage, Skorpion und Wassermann
\+ abnehmender Mond
\- Vollmond, zunehmender Mond, speziell in Krebs, Fisch und Jungfrau

THC-Öl und andere Rezepte

Hanf ist eine extrem vielseitige Pflanze. Wird Indoor-Cannabis biologisch gegrowt, also frei von chemischen Düngemitteln und Pestiziden, bieten sich nicht nur die Blüten für die Verwendung an. Vor allem dann, wenn man die Effekte von Hanf (egal ob THC-haltig oder nicht) auch ohne es zu rauchen genießen möchte. Auch das Blattwerk eignet sich hervorragend für die Weiterverwendung, sowohl das THC-freie aus der vegetativen Phase wie auch das kristallbestäubte, das beim Putzen und «Maniküren» der Blüten anfällt. Nachfolgend finden Sie einige Rezepte und Anleitungen zur Weiterverarbeitung der Blätter. Wie immer möchte ich jedoch noch darauf hinweisen, dass es viele Wege zum Ziel gibt – also auch viele verschiedene Rezepte für dieselben Gerichte. Probieren Sie am besten verschiedene aus und entscheiden selbst. Ich lege Ihnen jedoch dringend ans Herz, bevorzugt mit Bio-Lebensmitteln zu arbeiten – sie sind nicht nur umweltverträglicher, sondern wirken sich außerdem sehr positiv auf den Geschmack aus. Egal ob es sich um Tee-, Kuchen- oder Öl-Rezepte handelt!

Beachten Sie im Zusammenhang mit den THC-haltigen Rezepten bitte Folgendes, bevor Sie beginnen:

- THC ist fettlöslich, wenn Sie nur mit Wasser arbeiten, wird sich keine Wirkung zeigen, selbst dann nicht, wenn Sie mit reinen Blüten arbeiten.
- Beachten Sie, dass THC oral sowie über die Haut aufgenommen anders wirkt als bei Inhalation. Zum einen wirkt es mehr auf der körperlichen als auf der Kopfebene, und zum anderen dauert es länger, bis seine Wirkung spürbar wird. Fahren Sie nicht mehr Auto, auch wenn Sie ein versierter Raucher sind.
- Geben Sie Ihrem Magen etwas Zeit, das THC in Ihre Blutbahn zu bringen und legen Sie erst nach, wenn sich nach einer Stunde noch immer nicht der gewünschte Effekt eingestellt hat.
- Bedenken Sie bei der Herstellung der Rezepte nicht nur, wie THC-haltig der verwendete Gruschel ist, sondern auch, dass seine Wirkung von Ihrer Konstitution und dem Gewöhnungsgrad abhängt. Im Zweifelsfall fangen Sie lieber mit kleinen Mengen an und steigern diese bei Bedarf.
- Haben Sie sich beim Konsum übernommen, gibt es – im Vergleich zur Inhalation – eigentlich kein Zurück mehr: Das THC ist bereits in Ihrem Blut, die Wirkung lässt sich also durch Übergeben nicht mehr senken. Einen Trick gibt es jedoch, wenn es Ihnen zuviel werden sollte: Zucker! Essen Sie viel Süßes, das hilft dem Körper dabei, das THC schneller abzubauen.

Chai

Chai bedeutet im eigentlichen Sinne des Wortes nur «Tee» auf Hindi, man verwendet diesen Ausdruck im deutschsprachigen Raum jedoch für «Gewürztee» und im Speziellen im Zusammenhang mit Cannabis für einen THC-haltigen, also psychoaktiven Hanf-Tee. Selbstverständlich gibt es viele verschiedene Chai-Rezepte, die sich in ihrem Geschmacksergebnis stark voneinander unterscheiden. Probieren Sie am besten verschiedene Varianten und verändern Sie je nach Ihrem Geschmack das Rezept. Wichtig ist jedoch, dass zwei Faktoren immer beachtet werden: Verwenden Sie immer Fett in Ihrem Rezept (Butter, Milch oder ein

Pflanzenöl) und geben auch genügend hinzu, um das THC herauszulösen. Je länger Sie die Mischung ziehen lassen, desto mehr THC wird aus den Cannabisblüten extrahiert und umso stärker wird der Chai schließlich sein. Im Folgenden möchte ich Ihnen zwei verschiedene Rezepte vorstellen, die sich in ihrem Aufwand (jedoch meiner Meinung nach vor allem in ihrem Geschmackserlebnis) voneinander unterscheiden.

Schnelle und einfache Mischung mit Tee Ihrer Wahl

Zutaten:

- etwa 2 g Gruschel
- 1 L Wasser
- 2 TL Butter/Kokosfett/Haselnuss-Öl/Mandelöl
- Tee nach Belieben (Schwarztee, Kräutertee)
- Zucker, Honig, (Mandel-)Milch, je nach Geschmack

Zubereitung: Beginnen Sie damit, etwa einen Liter Wasser auf dem Herd zum Kochen zu bringen. Während Sie warten, können Sie bereits etwa 2 g Cannabis-Gruschel in einem Grinder (oder einem Mörser) zermahlen – 2 g sind ein Richtwert! Die genau zu verwendende Menge müssen Sie durch Ausprobieren selbst ermitteln, da sie davon abhängt, wie stark THC-haltig Ihr Schnibbel ist und wie hart Sie im Nehmen sind. Kocht das Wasser, mischen Sie etwa einen Esslöffel Butter hinein und warten, bis sie schmilzt. Sollten Sie keine Butter verwenden wollen, können Sie stattdessen – je nach Geschmack – auch Kokosfett, Mandel- oder Haselnussöl verwenden. Geben Sie nun den Schnibbel hinzu und lassen das Ganze mindestens 30 Minuten auf kleiner Stufe köcheln. Gießen Sie die Mischung zum Abschluss durch ein feines Sieb oder einen Kaffeefilter, um die Gruschelreste zu entfernen. Der Cannabis-Tee ist nun an und für sich fertig, trifft jedoch nicht jedermanns Geschmack. In diesem Fall gibt es einen einfachen Trick: Suchen Sie sich einen beliebigen Tee aus (ich empfehle Schwarztee oder einen Kräutertee) und gießen diesen mit dem heißen Chai auf. Warten Sie weitere fünf bis zehn Minuten, entfernen Sie den Teebeutel und runden das Ganze je nach Belieben mit Zucker, Honig, Milch, Mandelmilch oder ähnlichem ab. Fertig ist dieses einfache Chai-Rezept!

Indischer Cannabis-Chai-Latte

Zutaten:

- etwa 2 g Gruschel
- 1 TL Butter/Kokosfett/Haselnuss-/Mandelöl
- 1 L Wasser
- 4 Gewürznelken (oder ½ gestrichenen TL Nelkenpulver)
- 2 Kardamomkapseln
- etwas schwarzer Pfeffer
- 2 Zimtstangen
- 1 Messerspitze Vanille
- nach Belieben auch etwas Muskatnuss, Sternanis, Schokoladeraspeln oder Ingwer
- 3 TL Schwarztee (bevorzugt Assam-Tee)
- 3 TL Zucker oder Honig
- 250 ml (Mandel-)Milch

Zubereitung: Lösen Sie die Fettquelle in Wasser auf, während Sie es zum Kochen bringen. Rühren Sie den fein gemahlenen Schnibbel unter und lassen die Mischung für etwa 20 Minuten kochen, bevor Sie die restlichen Gewürze, also Gewürznelken, Kardamom, Pfeffer, Zimt, Vanille und was Sie sonst noch so mögen, beimischen. Nachdem das Ganze weitere zehn Minuten gekocht hat, wird nun die Milch und der Zucker hinzugegeben. Lassen Sie den Chai nun noch ein letztes Mal aufkochen. Zum Abschluss geben Sie den Tee hinzu und lassen ihn etwa fünf Minuten ziehen, bevor Sie ihn durch ein feines Teesieb oder einen Kaffeefilter abseihen können. Fertig ist Ihr indischer Chai-Latte mit High!

Dope

Dope hat viele Namen: Haschisch, Hasch, Piece, Schokolade, Shit. Sie alle meinen dasselbe, nämlich verarbeitetes und gepresstes Cannabis-Harz. Wurde es handgemacht (meist in Indien oder Nepal), spricht man von Charas. Und es gibt selbstverständlich noch Fingerdope, jene Dopereste, die bei der Ernte in der eigenen Plantage an den Fingern kleben bleiben. Das in Europa erhältliche Haschisch wird zum Großteil woanders hergestellt, wobei man durch seine Farbe häufig auf seine Herkunft schließen kann: Afghanistan («schwarzer Afghane»), Libanon («roter und gelber Libanese»), Marokko («brauner und grüner Marokkaner»), Pakistan («dunkelbrauner Pakistani»), Türkei («grüner Türke»). Es gibt nicht nur eine Art der Herstellung von Haschisch, sondern viele verschiedene: durch Reiben der weiblichen Cannabispflanzen (bevorzugt Blüten) zwischen den Händen, durch Sieben getrockneter Pflanzenteile (per Hand oder maschinell), durch den Einsatz von Lösungsmitteln und durch die sogenannte Eiswassermethode, die auch für den Hausgebrauch verwendet werden kann. Mit einem Gerät, dem sogenannten Ice-O-Lator, der in einigen Growshops ab 150 Euro erhältlich ist, oder mit dem XTR (ebenfalls eine Siebbeutel-Methode) lässt sich sehr anwenderfreundlich Dope produzieren. Wesentlich kostengünstiger, dafür sehr zeitintensiv ist jedoch die Eis-Kübel-Methode, die ich nachfolgend vorstellen möchte. Auch hierbei sei angemerkt, dass es auch noch weitere Do-it-yourself-Methoden gibt, wie zum Beispiel die Flies-Kübel-Methode und andere – ausprobieren und selbst entscheiden!

Zutaten und Werkzeug:

- Schnibbel (so viel wie möglich)
- Eis (in großer Menge)
- ein Kübel
- ein Krug
- einen Handmixer
- ein grobes Sieb
- Kaffeefilter

Zubereitung: Die folgende Methode funktioniert besonders effektiv, wenn Sie das zu verwendende Pflanzenmaterial mindestens acht Stunden, besser noch einige Tage, in einer Tiefkühltruhe oder einem Gefrierschrank einfrieren. Durch das Frieren der Harzkristalle (auch Trichome genannt) brechen diese während der folgenden Arbeitsschritte leichter ab, wodurch sich die Qualität und Quantität des Dopes steigert. Füllen Sie nun eine Schicht Blätter und kleine Stengel abwechselnd mit einer Schicht Eis in den Eimer, solange, bis dieser voll ist, wobei die Deckschicht aus Eis bestehen sollte. Es befindet sich nun etwas mehr Schnibbel und Blattwerk als Eis in dem Kübel. Falls Sie das Pflanzenmaterial zuvor nicht eingefroren haben, sollten Sie diese Mischung nun mindestens zwei Stunden an einem möglichst kalten Ort stehen lassen.

Nun folgt der Einsatz des Handmixgeräts: Rühren Sie das Ganze mindestens 30 Minuten, besser noch 75 Minuten lang durch, wobei Sie immer wieder Eis nachfüllen sollten, um die Mischung möglichst kalt zu halten. Bereits nach zehn Minuten wird sich an der Oberfläche ein weißer Schaum bilden – dies ist ganz normal. Ist das Rühren beendet, lassen Sie den Eimer für weitere ein bis zwei Stunden stehen. In dieser Zeit werden sich die THC-Kristalle von den Pflanzenteilen lösen und aufgrund ihrer höheren Dichte zu Boden sinken. Schöpfen Sie nun mit dem großen Sieb die an der Oberfläche schwimmenden Blätter und Stengel ab und rühren Sie das Ganze ein weiteres Mal für mindestens zehn Minuten mit dem Handrührgerät durch. Lassen Sie die Mischung weitere ein bis zwei Stunden ruhen, bevor Sie abermals die schwimmenden Teile abschöpfen, diesmal jedoch mit einem Krug. Haben Sie einen transparenten Kübel verwendet, werden Sie bereits eine Schicht Trichome erkennen können, die sich am Boden abgesetzt hat. Ich lasse den Kübel, in dem sich nun nur noch eine grün-gräuliche Wasser-Harzkristall-Mischung befindet, normalerweise über Nacht stehen – am nächsten Tag hat sich am Boden des Eimers eine dicke Trichom-Schicht gebildet, das Wasser darüber ist jedoch relativ klar.

Dieses Wasser schöpfe ich dann vorsichtig mit dem Krug soweit wie möglich ab, wobei ich versuche, die Kristall-Schicht am Boden nicht aufzuwirbeln. Die letzten Schritte gehen nun vergleichsweise einfach und schnell: Das restliche Trichom-Wassergemisch wird durch einen Kaffeefilter in den Krug geleert, der volle Filter etwas ausgepresst und der Inhalt auf einem Teller für mehrere Tage in den Kühlschrank gelegt. Dort kann das Dope austrocknen, ohne zu verschimmeln. Wer möchte, kann das abgeschöpfte Wasser auch aufbewahren, abermals eine Nacht in einem Kübel stehenlassen und den letzten Schritt einfach wiederholen, um auch noch die letzten Trichome herauszuholen. Fertig ist das hausgemachte Dope!

Hanf-Körperöl

Schnibbel eignet sich hervorragend zur Produktion von schmerzstillendem Körperöl. Mischen Sie dazu einfach etwas Gruschel (je mehr, desto intensiver) mit nativen Bio-Olivenöl in einem Schraubglas an und lassen es für einige Tage an einem dunklen, nicht zu kalten Ort ziehen. Das Öl wird das THC aus dem Pflanzenmaterial lösen. Bei rheumatischen Beschwerden, Rücken- oder Gelenkschmerzen kann es dann einfach auf die betroffenen Stellen aufgetragen werden. Es wirkt muskelentspannend und schmerzstillend. Natürlich kann dieses Öl auch zum Kochen verwendet werden, solange es nicht erhitzt wird und Sie Vorsicht mit der Dosierung walten lassen.

Hanf-Tee

Hanf-Tee ist eine der ältesten Darreichungsformen dieser uralten Kulturpflanze. Er wird eigentlich aus Nutzhanf produziert und ist aufgrund seiner beruhigenden, entspannenden und entschlackenden Wirkung heute wieder im Geschäft erhältlich, so zum Beispiel von den Firmen Sonnentor (Österreich) und Hanf-Zeit (Deutschland). Man kann auch jene Jungblätter verwenden, die bei der Pflege Ihrer Cannabispflanzen während der vegetativen Phase und während der ersten ein bis drei Wochen in der Blühphase anfallen – diese Blätter enthalten noch kein THC, turnen daher auch nicht. Sie enthalten jedoch Cannabinoide, die gesundheitsfördernd wirken, weshalb Hanf-Tee bei Schlafstörungen, Krämpfen, Migräne und Stimmungsschwankungen empfohlen wird.

Zubereitung: Einen Jungtrieb pro Tasse mit kochendem Wasser übergießen, die Tasse abdecken und das Ganze fünf Minuten ziehen lassen.

Sie können die Jungblätter auch auf Vorrat trocknen und zu jedem beliebigen späteren Zeitpunkt Tee daraus machen. Nehmen Sie dann pro Tasse einen glatt gestrichenen Teelöffel voll zerriebener Hanfblätter und gehen Sie ansonsten wie bei der Zubereitung mit frischen Blättern vor. Lassen Sie den Tee zehn Minuten ziehen, bevor Sie ihn genießen.

Magic Muffins

Auch gebacken wird Cannabis gerne für ein rauchfreies High konsumiert, und Rezepte gibt es hierfür in Hülle und Fülle. Mein Lieblingsrezept hat sich aus mehreren Gründen bewährt, denn erstens tritt der sehr dominante Cannabis-Geschmack nicht so stark in den Vordergrund wie bei den meisten anderen Rezepten. Zweitens ist es in unglaublich vielen Geschmacksvarianten zubereitbar, und drittens ist es extrem einfach, da man keine Waage benötigt – alles was man braucht, ist ein Becher Rahm, der als Messbecher für die anderen Zutaten dient. Außerdem werden die Muffins mit dem Rahm sehr saftig.

Zutaten:

- 1 Becher Rahm
- ¼ Becher Gruschel
- 1 Becher Mehl
- ¾ Becher Zucker
- ½ Becher Sonnenblumenöl
- 1 ½ Becher Geschmacksstoffe Ihrer Wahl
- Ich empfehle: Mohn und Kokosraspeln mit geriebener Schale einer Zitrone
- oder ⅔ geriebene Haselnüsse und ⅓ Zartbitter-Schokoraspeln
- oder Hälfte Kakao und Hälfte geriebene Mandeln
- 3 Eier
- 1 Packung Backpulver
- 1 Teelöffel Vanillezucker oder 1 Messerspitze Vanille pur
- für die Form etwas Butter und Paniermehl (=Semmelbrösel)

Zubereitung: Beginnen Sie damit, die Eier, den Rahm und den Zucker schaumig zu schlagen, bevor Sie alle anderen Zutaten dazu mischen. Reiben Sie die Muffin-Form (für einen ganzen Cannabis-Kuchen verwenden Sie am besten die doppelte Menge von allem) mit Butter ein, streuen Sie etwas Paniermehl hinein und verteilen Sie es durch Drehen der Form. Die Semmelbrösel werden an der Butter kleben bleiben, sodass die Form mit einem Bröselmantel ausgekleidet ist. Dies soll später das Anhaften des Teigs beim Backen verhindern. Füllen Sie nun die Muffinformen etwa halb- bis dreiviertel mit Teig

– schließlich wird dieser auch noch aufgehen! Stellen Sie das Ganze bei 180 °C für 30 bis 45 Minuten (bei einem ganzen Kuchen 45 bis 60 Minuten) in den Backofen. Es gibt einen Trick, um zu erkennen, ob der Teig fertig gebacken hat: Stechen Sie mit einem Zahnstocher so tief in einen Muffin wie möglich. Wenn kein Teig mehr daran kleben bleibt, sind die Muffins bzw. der Kuchen fertig. Mahlzeit!

THC-Öl

Noch eine (heutzutage in Europa eher unbekannte) Einsatzform von Gruschel ist die Produktion von THC-Öl zum Rauchen und zum oralem Verzehr. **Vorsicht!** Der Umgang mit THC-Öl benötigt viel Verantwortungsgefühl! Es wirkt wesentlich intensiver als das Rauchen von Blüten und zusätzlich tritt äußerst schnell ein Gewöhnungseffekt ein, wodurch es schnell zu einer Mengensteigerung kommen kann! Die Verwendung eines solchen THC-Öls ist daher nur mit großer Vorsicht und in Maßen angebracht! Ich rate nur ausgesprochen versierten Rauchern zu seinem Verzehr! Bitte zeigen Sie Verantwortung und bieten Sie dieses Öl niemals jemandem an, der selten oder gar nicht raucht, der anschließend noch Auto fahren muss und auf keinen Fall Teenagern! Im Gegensatz zum oben beschriebenen Hanf-Körperöl wird THC-Öl nicht mit Öl, sondern mit reinem Alkohol angesetzt.

Befüllen Sie ein luftdicht verschließbares Glasgefäß (also ein Gurken- oder Einmachglas) bis zum Rand mit Gruschel – je feiner dieser vorher zerkleinert wurde, desto mehr THC-Kristalle können daraus gelöst werden. Füllen Sie das Glas anschließend mit reinem Alkohol auf. Dieser ist in jeder Apotheke erhältlich, ist jedoch mit etwa 30 Euro pro Liter relativ teuer. Verschließen Sie das Glas anschließend luftdicht und lassen Sie es für mindestens vier Wochen stehen, wobei sie es alle paar Tage einmal drehen bzw. durchschütteln sollten (Abb. 91).

Wenn Sie die Flüssigkeit nach mehreren Wochen dann durch ein Filtertuch abseihen, hat sich diese dunkelgrün bis schwarz verfärbt, und das Blattwerk wird sich beinahe trocken anfühlen. Auch hier ist Vorsicht angebracht: Einerseits sollten Sie möglichst wenig Hautkontakt

Abb. 91: Ein Einmachglas gefüllt mit Schnibbel und kleingeschnittenen Stengeln (in der Mitte) – der Alkohol hat sich bereits dunkelgrün gefärbt.

mit der alkoholischen Flüssigkeit haben, da man auch über die Haut THC aufnehmen kann. Andererseits ist der Alkoholdampf sehr unangenehm und sollte möglichst nicht eingeatmet werden. Und zum Dritten färbt der dunkle Alkohol sehr stark – tropfen Sie also so wenig wie möglich beim Umfüllen und wischen Sie die Flüssigkeit schnell auf, wenn Sie keine dunkelgrünen Flecken hinterlassen möchten. Gießen Sie den Alkohol nun in eine möglichst breite und eher flache Schüssel und entsorgen Sie den übriggebliebenen Schnibbel – beachten Sie dabei jedoch, dass der alkoholgetränkte Gruschel leicht entflammbar ist! Wollen Sie ihn verheizen, lassen Sie ihn besser noch einige Tage ausdampfen.

Decken Sie die Schüssel nun mit einem Tuch ab und stellen Sie das Ganze zum Ausdampfen vorzugsweise auf eine Aquarienheizmatte. Beachten Sie, dass – wie gesagt – der Alkohol in den nächsten Wochen ausdampfen wird und dieser Vorgang zu einer nicht zu unterschätzenden Geruchsbelästigung führen kann! Je nach verwendeter Alkoholmenge und Oberflächegröße des Gefäßes wird es ein bis drei weitere Wochen dauern, bis die gesamte Flüssigkeit verdampft ist. Übrig bleibt eine schwarze, teer- oder flüssigharzähnliche Substanz: das THC-Öl, auch Haschöl genannt. Dieses Öl ist extrem potent, weshalb es am freien Markt für etwa 30 bis 40 Euro pro Gramm gehandelt wird. Dosiert wird das Öl am besten mit einem Zahnstocher – so wenig braucht es für einen entsprechenden Turn. Eingesetzt werden kann es auf zwei Arten: Entweder wird ein Tropfen (nicht mehr!) mit einem Zahnstocher auf einer Zigarette verteilt, die anschließend geraucht wird, oder es wird ein Tropfen Öl in einen Teelöffel Honig gemischt, der dann verzehrt wird. Der Turn lässt sich bei beiden Verzehrmöglichkeiten nicht mit einem Blüten-Joint vergleichen. Probieren Sie es vorsichtig aus und überzeugen sich selbst von der Stärke der Wirkung! Ich empfehle dieses Öl hauptsächlich Menschen mit starken chronischen Schmerzen.

Alle Mondregeln auf einen Blick

Samen säen:

+++ zunehmender Mond in Zwilling und Waage und Wassermann

\+ immer Skorpion, zunehmender Mond in Löwe und Jungfrau

\- immer Schütze, abnehmender Mond, Voll- und Neumond

Stecklinge produzieren:

Nachmittags (ab 15 Uhr) und abends besser als in der Frühe

+++ immer Jungfrau, zunehmender Mond in Waage

\+ zunehmender Mond, außer in Wassermann und Fisch und Schütze

\- immer früh morgens, immer Wassermann und Fisch und Schütze, Voll- und Neumond, abnehmender Mond

Gießen:

- +++ Krebs, Skorpion, Fisch (1. und 2. Tag am Besten)
- \+ (wenn sehr heiß) Stier, Jungfrau, Steinbock – nur am 1. Tag
- \- Zwilling, Waage, Wassermann

Düngen:

- +++ 1. Tag nach Vollmond (außer Löwe), abnehmender Mond in Widder und Schütze; einmal pro Düngeperiode und bei ausreichend niedrigen Temperaturen im abnehmenden Mond: Zwilling, Waage und Wassermann
- \+ abnehmender Mond, für Pflanzen ab der vierten Woche nach Neumond im Steinbock, Fisch, Widder, Stier, Skorpion und Jungfrau für Pflanzen ab der vierten Blütewoche: erste Woche nach Neumond in Steinbock, Fisch, Widder, Stier, Skorpion und Jungfrau
- \- immer in Löwe, in der Woche vor Vollmond, Voll- und Neumond

Umtopfen:

Nachmittags (ab 15 Uhr) und abends besser als in der Frühe

- +++ immer Jungfrau, zunehmender Mond in Waage
- \+ zunehmender Mond, außer in Wassermann und Fisch und Schütze
- \- immer früh morgens, immer Wassermann und Fisch und Schütze, Voll- und Neumond, abnehmender Mond

Rückschnitt:

- +++ zunehmender Mond im Widder und Löwen und Schütze
- \+ zunehmender Mond
- \- abnehmender Mond

Umstellen von Grow- zu Blühphase:

+++ zunehmender Mond Zwilling und Waage
+ immer Skorpion, zunehmender Mond außer Jungfrau und Fisch
- abnehmender Mond in Jungfrau und Fisch, immer Schütze, Voll- und Neumond

Anti-Schädlinge:
▸ oberirdisch

+++ abnehmender Mond im Krebs
+ abnehmender Mond, immer Zwilling, Krebs, Löwe, Jungfrau, Waage, Skorpion und Schütze
- zunehmender Mond

Anti-Schädlinge:
▸ unterirdisch

+++ abnehmender Mond in Stier, Zwilling, Steinbock
+ abnehmender Mond und Neumond
- zunehmender Mond

Ernten:

+++ zunehmender Mond in Zwilling und Waage
+ immer Skorpion, zunehmender Mond außer Jungfrau und Fisch
- abnehmender Mond in Jungfrau und Fisch, immer Schütze, Voll- und Neumond

Putzen und Abfüllen:

+++ abnehmender Mond in Zwilling, Waage, Skorpion und Wassermann
+ abnehmender Mond
- Vollmond, zunehmender Mond, speziell in Krebs, Fisch, Jungfrau

Abschlussplädoyer für eine rasche Legalisierung

Es gibt zahlreiche Argumente, weshalb Cannabis sofort legalisiert werden sollte, mit Sicherheit mehr, als für die Aufrechterhaltung der Prohibition sprechen. Doch angesichts der momentanen Entwicklungen und angesichts der Kriegstreiberei, die im letzten Jahr zu einer zunehmenden Radikalisierung und zunehmendem Rechtsdruck in Europa geführt hat, drängt sich ein Argument momentan unüberhörbar auf: Die Prohibition, das Verbot von Cannabis (und anderen Drogen) spült Milliarden in die Kassen von Terroristen und Diktatoren und trägt so aktiv zum Krieg bei.

Dadurch, dass wir es der europäischen Bevölkerung verunmöglichen, legal Cannabis zu produzieren und zu verkaufen, überlassen wir dieses riesige Feld zu einem Großteil kriminellen Banden. Denn nicht die kleinen, illegalen Hanf-Grower Europas verdienen im Allgemeinen das große Geld mit ihren Anbau-Ambitionen, sondern vor allem die Mafia Südamerikas und Osteuropas sowie Terroristen im Nahen Osten und Afrika. Die verdienen an den Marihuanafeldern Millionen, wohingegen eine Legalisierung von Cannabis ihnen zumindest dieses Geschäftsfeld vollkommen entziehen würde. Dieses Argument bewegt derzeit unter anderem auch den kolumbianischen Präsidenten Juan Manuel Santos, eine Legalisierung aller illegalisierten Drogen zu fordern, um so der Mafia in seinem Land Herr zu werden.

Anstatt durch die Prohibition die Mafia und radikale Terroristen zu unterstützen, könnte man durch eine Legalisierung die Staaten Europas und deren Bevölkerung fördern: Durch Millionen von Steuereinnahmen, durch die Schaffung von Hunderttausenden von Arbeitsplätzen in der Produktion und im Handel sowie durch die Entlastung der Exekutive, der Legislative und der Gefängnisse. Sie würde dazu beitragen, Millionen Konsumenten und viele Tausend Produzenten in Europa aus der Kriminalität zu holen, würde verhindern, dass Spaß-Konsumenten und Schmerzpatienten, die eigentlich nur etwas Entspannung und Linderung suchen, mit Menschen in Kontakt kommen, die andere, auch suchterzeugende Drogen verkaufen. Die Legalisierung würde den Reiz des Verbotenen nehmen und vielen Tausend schwerkranken Menschen die Möglichkeit geben, auf legalem Weg Linderung zu erhalten, die sie sich auch leisten können.

In den USA wurde Marihuana bereits in mehr als 20 Staaten legalisiert. Und obwohl Kritiker unhaltbare, apokalyptisch anmutende Folgen vorhergesagt haben, hat sich alles ganz anders entwickelt: So ging zum Beispiel der Graskonsum unter Jugendlichen von 24,8 Prozent auf 22 Prozent zurück und die Rate an Gewaltverbrechen (inklusive Morden) sank. Schließlich ist es doch so, dass die Kulturdroge Alkohol bei einem Großteil der Fälle häuslicher Gewalt mit eine Rolle spielt – ist Marihuana im Spiel, kommt es hingegen fast nie zu Gewaltanwendung. So wurde in den Staaten die Polizei also nicht nur dadurch entlastet, dass sie sich nicht mehr mit Kiffern beschäftigen muss, sondern auch durch Sekundäreffekte, welche die Legalisierung von Cannabis mit sich gebracht hat. Man stelle sich nur einmal die Entlastung der deutschen Polizei vor, die im Jahr 2014 über 130 000 Strafanzeigen wegen Marihuanabesitzes stellen musste und die Richter, die sich mit all diesen Fällen beschäftigt haben. Ich frage mich: Haben Polizei und Gerichte nicht genügend andere Probleme, für die sie ihre Energien einsetzen sollten?

Sehen wir uns nun noch den medizinischen Einsatz von Cannabis an. Schließlich ist heute bewiesen, dass Cannabinoide und andere in Marihuana enthaltenen Stoffe nicht nur den Blutdruck senken, gegen Diabetes, Migräne, PMS, ADHS und Grauen Star helfen, sondern auch Alzheimer, Schlaganfällen und Krebs vorbeugen können. Auch Patienten mit chronischen Magen- und Darmerkrankungen, Multipler Sklerose, Tourette-Syndrom und obsessiv-kompulsiven Störungen finden durch den Konsum von Cannabis Milderung. Dies ist mit ein Grund, weshalb in den USA die Rate an Todesfällen durch opiumhaltige Medikamente in den Staaten, in denen Cannabis legalisiert wurde, um 23 bis 33 Prozent gesunken ist!

Und nicht zuletzt geht es doch auch um den Schutz von Konsumenten und Produzenten. Fakt ist, dass Cannabis konsumiert wird – heute nachweislich mehr als je zuvor. Doch durch die Illegalisierung von Produktion, Verkauf und Besitz entfallen zahlreiche Kontrollen, die sowohl im Lebensmittel- als auch im Arbeitsrecht ganz selbstverständlich sind. Dabei spreche ich einerseits von Qualitätskontrollen des Produkts: Derzeit hat der Raucher keinerlei Garantie dafür, dass die eingesetzten Düngemittel und Pestizide auch für den Konsum gedacht sind, geschweige denn, dass das gekaufte Cannabis auch frei von etwaigen Streckmitteln ist, die sich gesundheitsschädigend auswirken können. Durch die Legalisierung von Cannabis würden nicht nur solche Qualitätskontrollen implementiert werden, auch die Produktion und der Konsum von nachweislich biologisch produziertem Hanf wäre endlich möglich. Gütesiegel, die es auch im Lebensmittelbereich gibt, wären dann selbstverständlich. So haben bereits die Initiatoren der Cannabis-Social-Clubs in Deutschland ein

Abb. 91 & 92

Logo für biologisches und eins für fair trade produziertes Cannabis entworfen (Abb. 92 und 93). Denn schließlich sollte es nicht nur um den Schutz der Konsumenten, sondern auch den der Produzenten gehen, die durch die derzeitige Rechts(p)lage nicht nur zum illegalen Arbeiten gezwungen sind, sondern sich außerdem weder kranken- noch rentenversichern können und unter nicht geregelten Umständen ihrem Handwerk nachgehen müssen. Meiner Meinung nach würden die meisten Cannabis-Produzenten in Europa gern Steuern zahlen, wenn sie dafür den Luxus genießen dürften, den eine legale Anstellung mit sich bringt.

Diese und noch viele weitere Argumente für die Cannabis-Legalisierung sowie eine spannende Darstellung, wie es überhaupt zum Verbot der seit nachweislich über 10 000 Jahren genutzten Kulturpflanze Hanf kam, finden Sie in Mathias Bröckers' Buch *Keine Angst vor Hanf*. Und insgesamt werden die Stimmen für eine Legalisierung immer lauter: Nicht nur der Deutsche Hanfverband und der österreichische Verein Legalize It! setzen sich vehement ein, sondern auch immer mehr Prominente und sogar Richter und Strafrechtsprofessoren, Mediziner und Therapeuten und so weiter.

In diesem Sinne wünsche ich jedem ein gelungenes biologisches Anbauen, viel Spaß und Entspannung beim Konsum und viel Erfolg beim Kampf für die Legalisierung von Cannabis, für den sich jeder Produzent und jeder Raucher einsetzen sollte! Wir brauchen die Legalisierung jetzt, wenn wir all die Vorteile genießen wollen, die sie nachweislich mit sich bringt!

Nützlingslieferanten

Österreich
www.biohelp.at
www.gartenboxx.at

Deutschland
www.amwnuetzlinge.de
www.biologische-beratung.de
www.nuetzlinge.de

Schweiz
www.biocontrol.ch
www.biogarten.ch
www.nuetzlinge.ch

Quellen und weiterführende Literatur

akzept e.V. et al. (Hrsg., 2015): **2. Alternativer Drogen- und Suchtbericht 2015.** Lengerich

Buzzer (2014): **Der biologische Cannabis-Anbau.** In: grow! Nr. 4/2014, S. 88-92

Cervantes, Jorge (2002): **Marihuana drinnen – Alles über den Anbau im Haus.** 3. Auflage, Solothurn: Nachtschatten Verlag

Davis, Steve (2015): **Ein kleiner Überblick über die verschiedenen Anbaumethoden.** In: grow! Nr. 4/2015, S. 86-90

Davis, Steve (2015): **Erfahrungen eines US-amerikanischen Medical Growers: Einführung in das Indoor-Cannabis-Growing.** In: grow! Nr. 2/2015, S. 92-96

Frank, Mel / Rosenthal, Ed (1980): **Das Handbuch für die Marihuana-Zucht in Haus und Garten.** Linden: Volksverlag

Geyer, Steffen / Deutscher Hanf Verband (Hrsg., o.J.): **Hanf. Über die ökologischen und ökonomischen Möglichkeiten des Bio-Rohstoffs Hanf.** Berlin: Hanfmuseum

Grotenhermen, Franjo / Markus Berger / Kathrin Gebhardt (2015): **Cannabidiol CBD.** Solothurn: Nachtschatten Verlag

Jose (2015): **Growing mit Mr. Jose: Kokos – Anbaumedium für jeden Grower.** In: grow! Nr. 2/2015, S. 88-90

Lizermann, Lark-Lajon (2012): **Der Cannabis-Anbau.** Solothurn: Nachtschatten Verlag

Narodoslawsky, Michael et al (2011): **Ökologischer Fußabdruck der Biolandwirtschaft und ihrer Produkte. Vergleich zwischen biologischer und konventioneller Wirtschaftsweise.** Studie der TU Graz, Institut für Prozess- und Partikeltechnik, Graz

o.V. (2014): **GrowLED Lampe.** In: grow! Nr. 5/2014, S. 86f.

o.V. (2015): **Welche Hanfsorte ist die richtige?** In: grow! spezial, Nr. 1/2015

o.V. (2015): **LED Grow-Test.** In: grow! Nr. 3/2015, S. 76f.

Paungger, Johanna/Poppe, Thomas (2004): **Der lebendige Garten.** München

Schröder, Heinz (1975): **Gartenschädlinge und Pflanzenkrankheiten in Farbe. Erkennen und Bekämpfen der wichtigsten Pflanzenschäden im Ziergarten.** Kopenhagen

Stevens, Murphy (1980): **Marihuana-Anbau in der Wohnung.** Linden: Volksverlag

Thun, K. Matthias (Hrsg., 2016): **Aussaattage 2016.** Jahrgang 54, Biedenkopf/Lahn

Die Autorin

Alice Legit (Pseudonym), studierte Wirtschaftswissenschaftlerin, Gärtnerstochter, Langzeit-Vegetarierin und angehende Bio-Imkerin, beschäftigt sich seit einigen Jahren erfolgreich mit der Kultivierung von Hanf unter Lampen. Ihrem ganzheitlichen Lebensstil entsprechend, arbeitet sie dabei nicht nur biologisch, sondern hat die verschiedenen Arbeitsschritte, von der Stecklingszucht, über die Düngergabe, bis hin zur Ernte, an den Mondrhythmus angepasst.

Christian Rätsch
Hanf als Heilmittel
Ethnomedizin, Anwendungen und Rezepte

ISBN 978-3-03788-390-7
216 Seiten, 19,5 x 26.5 cm
Pappband
ergänzte Neuauflage

Kathrin Gebhardt
Backen mit Hanf
Berauschend gut!

ISBN 978-3-03788-239-9
128 Seiten, 16,6 x 24 cm, Hardcover

F. Grotenhermen, M. Berger, K. Gebhardt
Cannabidiol
Ein cannabishaltiges Compendium

ISBN 978-3-03788-369-3
160 Seiten, 17 x 24,5 cm, Hardcover

Mischa Hauswirth
Der Cannabis-Irrsinn
Warum uns das Verbot schadet

ISBN 978-3-03788-350-1
192 Seiten, 14 x 21 cm, Broschur

Franjo Grotenhermen
Hanf als Medizin
Ein praxisorientierter Ratgeber

ISBN 978-3-03788-285-6
216 Seiten, 14 x 22,5 cm, Broschur

Theo Pütz
Cannabis und Führerschein

ISBN 978-3-03788-279-5
140 Seiten, 14 x 21 cm, Broschur

Franjo Grotenhermen, Britta Reckendrees
Die Behandlung mit Cannabis und THC

ISBN 978-3-03788-147-7
120 Seiten, 14 x 21 cm, Broschur
überarbeitete und erweiterte
Neuauflage 2016

Bernard Rappaz
Der Pionier
Die abenteuerliche Lebens-geschichte eines Hanfrebellen

ISBN 978-3-03788-397-6
ca. 390 Seiten, 14 x 21 cm, Broschur

NACHTSCHATTEN VERLAG

Nachtschatten Verlag AG

Kronengasse 11
CH-4500 Solothurn

Tel +41 (0)32 621 89 49
Fax +41 (0)32 621 89 47

www.nachtschattenverlag.ch
info@nachtschatten.ch

Fourtwenty
kompetente Beratung
individuelle Lösungen
schnelle Lieferung
faire Preise
riesiges Sortiment
über 5'000 Produkte an Lager
TrendShop
Kramgasse 3
3011 Bern
Tel. / Fax +41 (0) 31 311 40 18
www.fourtwenty.ch
GrowCenter
Worblentalstr. 30
3063 Ittigen
Tel. / Fax +41 (0) 31 371 03 07

Intelligente Lösungen für Zimmergärtner.
GRAS GRÜN
GG
GRAS GRÜN
neue Adresse : (ca. 600 m vom Moritzplatz)
Ritterstr. 43, 10969 Berlin
Tel. : 030 611 31 90
www.grasgruen.de

SCHLUSS MIT
KRIMI
DHV
Deutscher Hanf Verband
www.hanfverband.de

grow! magazin
Alle 2 Monate erntefrisch am Kiosk
& jetzt auch als ePaper!!!
www.grow.de
free the weed & let it grow! magazin
follow us on: